떡 앞에서

- 선명숙 명인의 떡

나태주

선명숙 명인의 떡은
그냥 꽃이다
꽃송이다
입에 넣고 먹기
송구스러워 마냥
바라보기만 하는
어여쁜 아기다

아니다
선명숙 명인의 떡은
고향 집이다
고향 집 마루
대청마루에서 듣는
대나무 수풀 서걱대는
바람 소리다

아니다
선명숙 명인의 떡은
자분자분 다가오시는
어머니 버선발 소리다
밤새워 들려주시는
어머니 말씀
노을 비친 강물이다

어찌하랴
떡 앞에서 눈물
글썽여지는 마음
바라보다가 다만
바라보기만 하다가
돌아서는 저 아기씨!
가슴에 품어 사랑이다

손으로 빚는 마음, 떡

○

손으로 빚는 마음, 떡

✳

선명숙 지음

미음

팥시루떡 한 조각을 입에 넣는다,
오늘은 떡 맛이 꽃처럼 화사하다

우리는 잔치가 끝난 뒤 보자기에 떡을 싸서 나누고 정도 더불어 나누며 오랜 세월을 지내왔다. 삶의 속도가 점점 빨라지고 간편해지는 세상이지만, 떡 만드는 사람으로 살아온 나는 그저 느린 떡 세상에서 느린 일을 하며 느리게 살고 있다.

떡이 지닌 느림의 맛, 느림의 멋은 떡 한 조각에도 담긴다. 떡은 단순한 먹거리가 아니라 의미와 마음을 담은 음식이다. 남들이 잠들어 있는 새벽, 손으로 흰 쌀을 비벼서 팥고물을 얹는다. 쌀 한 톨 한 톨이 모여 낱알의 경계를 허물고 수증기의 기운을 받아 한데 뭉쳐지면 전혀 새로운 것이 된다. 그 느림의 시간 내내 정성과 기원이 담긴다.

사실 나는 떡이 아니라 빵을 먼저 시작했다. 삼십 대 후반 무렵 캐나다에서 생활할 때, 집에서 빵을 굽는 문화를 처음 접하고는 상상 너머 신세계를 본 것 같았다. 캐나다 생활 내내 부지런히 빵을 배우고 서양 음식도 배웠다. 우리나라로 돌아온 후에는 직접 빵을 구워서 친구들, 이웃들과 나누었다. 그 빵을 먹어본 사람들이 빵 만드는 법을 알려달라고 성화였고, 서양요리 선생이라는 내 인생 2막이 시작되었다.

서양요리 선생을 하면서 많은 사람과 교류하고 친구들도 생기니 매력적인 일이었다. 그러던 어느 날, 재료를 준비하면서 내 눈에 들어온 밀가루, 설탕, 버터 등이 모두 우리 것이 아니라 외국에서 들어오는 재료들이라는 생각이 문득 들었다. 외국 재료들로 외국의 요리를 가르치는 것이 내게 어떤 의미일까, 고민이 길어졌다. 그렇게 서양요리 선생을 우선 멈추었다.

우리 몸은 자연의 일부인데, 자연에서 얻어지는 재료를 이용한다는 것은 무엇일까. 또 우리가 오랜 세월 살아온 방식과 마음을 담은 음식을 만든다는 것은 무엇일까. 자연, 전통, 그리고 우리의 것. 이런 고민이 가득할 때, 돌상 사진 한 장을 만나게 되었다. 과일이며 떡이며 풍성하게 잘 차려진 돌상이었지만 돌상 한가운데 가장 크게 자리 잡고 앉아 있는 것은 서양의 케이크였다.
순간 머리를 한 대 얻어맞은 것 같은 충격이 들었다. 우리의 전통으로 내려오는 아기 돌 상에서 주인 행세를 하고 있는 서양 케이크라니, 한복 저고리에 양복바지를 입은 모습처럼 어울리지 않는 불협화음이었다. 이건 아니다 싶었다. 우리가 살아온 세월과 마음을 그대로 담고 있는 음식 문화를 아무 생각 없이 빼앗기고 싶지 않다는 마음이었던 것 같다. 그때부터 우리 아기들의 돌상에서 우리 떡이 주인이 되도록 하겠다는 생각으로 전국을 다니며 떡을 배웠다. 오로지 떡을 만들고 연구하는 데 온 시간을 들였다. 그 시간은 나에게 재료들이 어우러져 만들어지고 그것을 나누어 먹는 것이 바로 떡이라는 것을 알려주었다. 돌이켜보면 내게도 떡으로 맺어진 소중한 인연들이 참 많다. 그렇게 떡은 돈독한 정을 쌓게 하고 사람을 모으는 힘이 있다.

떡을 만든 시간과 떡이 만들어준 인연을 담아 갈무리하는 마음으로 떡 하나하나의 레시피를 정리하였다. 이 책을 읽는 사람들에게 떡을 만드는 마음, 떡에 담긴 마음, 떡이 가진 마음이 닿기를 바란다. 느리게 읽고, 느리게 느끼시라.

이 책이 나오기까지 애써주신 시공사의 직원분들께 감사하다. 나보다도 더 간절한 마음으로 도와주신 하자센터장 황윤옥 님과 제자 안재혜님, 황효순 박사님, 그리고 기품 가족들께 큰 감사를 드린다. 책을 쓰는 동안 오랜 시간 소홀함을 묵묵히 사랑으로 견디어준 가족들에게도 미안함과 고마운 마음을 전한다.

2020년 봄, 선명숙

차례

1장　시간과 인연을 잇는　우리 전통 떡

4장 기운을 돋우고 병을 이기는 건강떡

5장 떡과 어울리는 전통 음료

6장 응원의 마음을 꽃으로 빚은 축하떡

떡 만들기의 기본

○ 씻기

쌀은 깨끗이 씻어야 떡을 했을 때 잡냄새가 나지 않고 빨리 상하지 않는다.

○ 불리기

쌀은 여름에는 5~6시간, 겨울에는 6~8시간 불린 후 체에 건져 30분 정도 물기를 뺀다.

○ 쌀가루 만들기

충분히 물기를 뺀 후 쌀 1kg에 소금 10~11g 정도를 넣어서 빻는다. 쌀 5컵은 800g이며 불려서 빻으면 1kg 정도의(약 10컵) 쌀가루가 나온다. 멥쌀가루는 설기나 절편, 송편 등을 할 때는 곱게 빻는 게 떡의 질감이 좋다. 찹쌀은 굵게 빻아야 떡이 잘 익는다. 냉동 쌀가루는 해동 후 사용한다.

○ 물 주기

쌀가루에 정량의 물을 넣어 손으로 비벼 골고루 섞어준다(대략 쌀가루 1kg에 물 3/4컵 정도). 손으로 쥐어 덩어리를 만들어서 두세 번 던져 보았을 때 쉽게 흩어지지 않을 정도가 가장 알맞다. 물을 준 쌀가루는 중간 체에 두 번 정도 내려주면 떡이 부드럽고 폭신폭신하다. 멥쌀을 체에 내리는 이유는 쌀가루 사이에 공기를 넣어 주기 위해서다. 또한 쌀가루에 수분과 소금을 잘 섞어주기 위함이다. 찹쌀가루는 체에 한 번만 내려준다. 찹쌀은 퍼지는 성질이 있어서 수증기가 빠져나가지 못해 떡이 잘 익지 않을 수 있다. 설탕은 떡을 찜기에 찌기 바로 직전에 섞어주면 좋다. 미리 설탕을 넣으면 쌀가루가 눅눅해지고 덩어리질 수 있다(설탕은 쌀가루양의 10% 정도가 적당하다).

○ 떡 안치기

찜기에 젖은 베 보자기나 실리콘 시루 밑을 깔아준다. 물을 내린 쌀가루는 찜기에 넣고 윗면을 스크레퍼 등으로 평평하게 만든다. 멥쌀 떡은 원하는 크기를 찌기 전에 칼금을 그어준다. 찹쌀은 손으로 쥐어서 덩어리 지게 한 다음 안치면 잘 익는다.

○ 찌기

찜기에 젖은 베 보자기를 깔고 떡 재료를 넣고 위에 마른 보자기를 덮어서 쪄준다. 송편이나 절편을 찔 때는 떡이 익으면 팽창하므로 공간을 두고 놓아야 익었을 때 서로 붙지 않는다. 찜기에 헛 김이 새는 경우에는 키친타월에 물을 묻혀 새는 곳을 막아준다. 떡을 찔 때는 반드시 김이 오른 후에 떡을 안쳐 찐다. 만약에 김이 오르지 않을 때 떡을 얹으면 쌀가루 속 공기가 빠져나가 부드러운 맛이 줄어든다.

○ 뜸 들이기

뜸을 들이는 것은 미처 호화되지 못한 전분을 호화시키기 위함이다.

○ 꺼내기

찜기에서 떡을 꺼낼 때는 떡 위에 큰 접시를 얹어 놓고 거꾸로 뒤집은 다음 시루 밑을 제거하고 다시 뒤집어준다.

◑ 계량 단위
   1컵 = 물 200ml = 물 200g
   1큰술 = 3작은술 = 15ml = 15g = 1T
   1작은술 = ml = 5g = 1t

카스텔라

청태 콩고물

거피 팥고물

흑임자 고물

노란 콩고물

고물 이야기

○ 카스텔라 고물

1. 카스텔라의 위와 아래를 걷어낸다.
2. 가운데 노란색 부분만 살짝 말려서 체에 내린다.

○ 청태 콩고물

1. 파란 콩은 좋은 것만 골라서 깨끗이 씻는다. 이때 콩이 불지 않도록 한다.
2. 냄비에 넣어 물을 붓고 비린 맛이 나지 않을 정도로 센 불에 끓인다.
3. 찐 콩을 타지 않게 볶아서 빨리 식혀야 색이 살아난다.
4. 볶은 콩은 껍질을 제거하고 소금을 넣어 분쇄기에 갈아준다.
   (이때 소금은 1% 비율로 넣는다).
5. 고운 체에 쳐서 냉동한다.

○ 거피 팥고물(흰고물)

1. 거피 팥은 물에 담가 6시간 이상 충분히 불린다.
2. 불린 팥은 세게 문질러 껍질을 제거한다.
3. 여러 번 물로 헹구어준다.
4. 찜기에 젖은 베 보자기를 깔고 40분 정도 찐다.
5. 한 김 나가면 거피 팥고물 3컵, 소금 1/2t를 간하여 잘 섞은 다음 체에 주걱으로 으깨면서 내린다.
6. 고물이 질면 팬에 볶아준다.

○ 흑임자 고물

1. 흑임자는 깨끗이 씻어 체에 밭쳐 물기를 뺀다.
2. 물기가 깨에 남아 있을 때 볶아준다.
3. 깨가 톡톡 튀고 손으로 으깨지면 다 볶아진 것이다.
4. 분쇄기에 볶은 깨를 갈아준다.

○ 노란 콩고물

1. 노란 콩을 깨끗이 씻어 체에 밭쳐 물기를 뺀다.
2. 콩을 팬에 볶아준다.
3. 볶은 콩은 껍질을 제거하고 소금을 넣어(콩 양의 1%) 분쇄기에 갈아준다.

○ 팥고물

1. 팥은 깨끗이 씻어 건진다. 이때 돌이 있을 수 있으니 잘 건진다.
2. 팥에 물을 넉넉히 붓고 끓이다가 끓으면 물을 버린다. 이 과정을 두 번 반복한다.
3. 두 번 물을 버린 팥에 물을 3배 정도 넉넉히 부어 팥이 익을 때까지 삶는다.
4. 다 익었으면 물을 전부 버리고 소금을 넣어 섞어준 후 약불로 뜸을 들인다.

○ 팥앙금 고물

1. 팥은 깨끗이 씻어 건진다. 이때 돌이 있을 수 있으니 잘 건진다.
2. 팥에 물을 넉넉히 붓고 끓이다가 물이 끓으면 물을 버린다. 이 과정을 두 번 한다.
3. 두 번 물을 버린 팥에 물을 3배 정도 넉넉히 부어 팥이 푹 무르도록 삶는다.
4. 3의 팥을 체에 걸러서 껍질을 걸러 버린다.
5. 앙금은 베 보자기에 담아 하루 정도 무거운 것으로 눌러서 수분을 뺀다.
6. 팥 2컵 삶으면 팥앙금 500~600g 정도 분량이 나온다.
7. 냄비에 물 1/3컵, 설탕 1/3컵, 소금 1T를 넣고 끓인다.
8. 6과 7을 합하여 조리다가 마지막에 물엿 5T를 넣어 윤기를 낸다.

팥고물

팥앙금 고물

두텁 고물

잣가루

녹두 고물

○ 두텁 고물

1. 거피 팥은 물에 담가 6시간 이상 충분히 불린다.
2. 불린 팥은 세게 문질러 껍질을 제거한다.
3. 여러 번 물로 헹구어 준다.
4. 찜기에 젖은 베 보자기를 깔고 40분 정도 푹 찐다.
5. 한 김 나가면 체에 으깨면서 내린다
6. 5의 고물 10컵에 진간장 3T, 설탕 1컵, 계핏가루 1t, 후춧가루 약간을 잘 섞어준다.
7. 팬에 식용유 약간 바르고 볶아준다.

○ 잣가루

1. 잣은 고깔을 떼고 마른행주로 닦아준다.
2. 도마에 키친타월을 깔고 잣을 칼로 다진다.
3. 키친타월을 기름을 흡수하도록 잠시 둔다.
4. 체로 쳐준다.
* 치즈 가는 기계로 갈아주면 손쉽게 할 수 있다.

○ 녹두 고물

1. 녹두는 6시간 이상 불린다.
2. 손으로 비벼서 여러 번 헹구어 껍질을 걸러낸다.
3. 질어지는 것을 방지하기 위해서 30분 정도 체에 밭쳐 물기를 빼준다.
4. 찜기에 베 보자기 깔고 녹두를 넣어 40~50분 정도 푹 찐다.
5. 다 쪄진 녹두를 그릇에 담아 소금 넣고 빻는다.
6. 굵은 체에 내린다. 고물이 질면 팬에 볶아준다.

쌀 이야기

쌀처럼 매일 먹어도 질리지 않는 식품이 또 있을까. 갓 지은 밥은 그 구수한 맛과 매끈한 윤기에 감탄이 절로 나고, 그 자체로 충분히 행복한 한 끼가 된다. 그런데 시간이 지나면 왜 밥맛이 없어질까. 쌀은 도정 후 여름은 16일, 겨울은 42일이 지나면 산화되기 시작하여, 이때부터 영양이나 맛이 떨어진다. 떡도 똑같다. 떡의 주재료는 쌀이다. 그러니 맛있는 떡의 첫째 조건은 방아 찧은 지 2주 이내의 신선한 쌀을 쓰는 것이다.

쌀은 생애의 첫걸음과 돌아감을 함께한다. 첫돌에는 쌀, 실, 국수, 붓, 책, 활 등을 돌상에 올리고, 돌잡이로 쌀을 잡으면 장래에 만석꾼이 될 거라고 크게 기뻐하였다. 장례를 지낼 때는 저승까지 갈 때 식량으로 삼으라고 쌀을 물에 불려서 죽은 이의 입에 넣었다.

또한 쌀은 계절과 절기에 따라 다양하게 활용되었다. 새로운 해를 맞이하는 설날 아침은 떡국으로 시작한다. 정월대보름에는 오곡밥을 지어 먹었는데, 오곡밥은 쌀을 기본으로 조, 수수, 보리, 콩, 팥 등 다섯 가지 이상의 곡식을 섞어 밥으로 지은 것이다. 8월 한가위에는 햅쌀로 밥을 짓고 송편을 빚었다. 동짓날에는 찹쌀로 새알심을 넣어 팥죽을 쑤었다. 이렇게 쌀은 늘 먹는 밥이기도 하지만 한 해를 살아가는 내내 밥, 떡, 죽, 화전 등으로 우리의 한해살이를 함께하였다.

우리 식탁에 오른 쌀 한 톨 한 톨은 온 우주가 움직여 나온 결실이다. 쌀은 농부의 발자국 소리를 듣고 영근다고 한다. 쌀 미*자의 의미를 농부의 손이 여든여덟 번 간다고 풀이하고, 농부의 땀이 일곱 근이 들어간다고 '일미 칠근'이라고 하는 것은 모두 쌀 한 톨을 거두기까지 하늘과 땅과 사람이 함께 정성과 땀을 쏟는다는 의미일 것이다. 대추 열매가 콧구멍에 넣어 들어갈 정도의 크기였을 때 모내기를 해야 벼가 알속이 된다는 것은 얼마나 많은 시행착오 끝에 나온 조상들의 지혜였을까. 밤송이를 겨드랑이에 넣어 따갑지 않을 때 모내기를 했다는 것 또한 체험에서 얻어진 농사지침이었다. 이렇게 우리가 먹는 떡 한 조각, 밥 한 숟가락에 들어 있는 쌀 한 톨 한 톨에는 하늘과 땅과 사람의 수고와 정성이 담겨 있음을 다시 새겨본다.

팥 이야기

푸른 잎 사이로 노랗게 수줍음을 가득 머금고 피어난 팥꽃을 보고 있으면, 그 여리디여린 꽃 속에서 어떻게 붉은 팥처럼 기운이 강한 열매가 맺히는지 신비롭기만 하다. 팥은 잡귀를 물리친다는 벽사의 색으로 아기의 첫 돌일 때, 이사할 때, 시월상달에 잡귀를 물리치려고 팥떡을 만들어 먹었다.

'붉다'는 말은 원래 '밝다'에서 나왔는데, 어두움을 좋아하는 귀신이 붉은색(밝은색)을 보면 달아난다고 여긴 것이다. 중국 진나라 때 공공이라는 사람에게 말썽꾸러기 아들이 있었는데, 살아서도 엄청나게 속을 썩이던 아들은 죽어서 역병 귀신이 되어 마을을 돌며 역병을 퍼뜨렸다. 자기 아들 때문에 죄 없는 이웃들이 죽어 나가는 것을 보고만 있을 수 없었던 공공은 평소에 아들이 무서워했던 팥으로 죽을 쑤어 집안 곳곳에 발랐는데, 역병 귀신이 붉은 팥죽을 보고 그 길로 달아났다고 한다. 그래서 옛날 사람들은 귀신은 붉은 색을 싫어한다고 믿어서 동짓날 붉은 팥죽을 먹었고, 혼례 때에도 악귀가 오지 말라고 새색시 볼에 연지곤지를 찍곤 하였다.

팥은 우리 생활 속에 있다. 팥은 우리 식탁에 풍요로움을 주고 우리 건강을 지켜준다.

팥 음식을 할 때는 팥을 잘 삶아야 아린 맛이 나지 않는다. 팥은 아린 맛이 강하므로 여러번 물을 갈아주면서 삶아야 고소하고 담백한 맛을 느낄 수 있다.

내가 꼭 통팥으로 팥떡을 하는 이유는 팥의 원형 그대로 둥글게 이해하고 받아들이려는 마음에서다. 우리가 살아가면서 어디 내 생각대로만 살 수 있을까? 곡물 하나하나 그 나름 가치를 가지고 있듯이 서로를 존중하고 그대로 볼 수 있는 여유를 가지면 세상은 좀 더 아름다워질 것이다.

떡 이야기

떡은 추억의 맛이다

어릴 적 어머니께서 동네 잔칫집에 다녀오시면 어머니 손에 들려 있는 작은 보따리에 먼저 눈이 가곤 했다. 그 보자기에 안에 담겨 있던 몇 조각의 인절미는, 간식거리가 없었던 그 시절에 귀하디귀한 먹거리였다. 지금도 인절미를 보면 어머니보다 더 반겼던 그 작은 보따리가 떠오른다. 또 추운 겨울이 지나고 봄이 되면 느티나무 아래서 여린 순을 따다 멥쌀에 버무려 해 주셨던 느티떡도 어린 시절의 기억을 간직한 떡이다. 이렇게 떡에는 가슴이 기억하는 추억의 맛이 있다. 새 봄이 오면 깊은 산골의 느티잎을 따다가 떡을 해서 함께 나누며 옛이야기를 해볼까.

떡은 건강한 맛이다

'약식동원藥食同源'은 약과 음식은 근본이 같아서 좋은 음식을 먹으면 약으로 치료한 것 같은 효능을 낸다는 말이다. 이 말처럼 우리 조상들은 약재를 넣어 만든 떡으로 맛도 살리고 건강도 지켰다. 멥쌀가루에 시상, 의이인. 백복령, 연육, 맥아, 백변두, 백합의 비름 등 한약재를 넣어서 떡을 만들어 먹기도 하고 입맛이 없을 때는 약떡을 말려서 죽으로 쑤어 먹기도 하였다. 이처럼 떡은 건강과 영양이라는 두 마리 토끼를 모두 잡을 수 있는 일상의 보약이자 든든한 음식이다.

떡은 어우러짐의 맛이다

떡은 쌀이라는 주재료에 팥이나 콩, 대추 등 어떤 재료를 넣어도 그 맛과 모양이 잘 어우러진다. 이렇게 어떤 재료이든 다 받아들이는 떡과 달리, 우리는 살다 보면 이해가 엇갈리고 이익에 따라 편이 갈려 멀어지곤 한다. 떡을 빚고 있다 보면 우리가 사는 세상도 떡처럼 잘 어우러질 수 있다면 얼마나 좋을까 싶은 마음이 절로 든다.

떡은 그리움의 맛이다

요즈음은 저장 방법이 발달해서 떡도 사계절 구분 없이 늘 먹을 수 있는 시대에 살고 있지만 그럼에도 불구하고 제철에만 먹을 수 있는 떡들이 있다. 쑥떡을 좋아하는 사람이 일 년 내내 먹을 수 있는 떡은 삶아서 보관한 쑥으로 만든 떡이다. 그러나 봄에 나는 애 쑥을 바로 뜯어 만들어 먹는 쑥버무리야말로 제철의 맛을 지닌 떡이다. 해마다 봄이 오기를 기다려야 하니 쑥버무리에는 일 년의 기다림이 담긴다. 게다가 갓 뜯은 생 쑥이 주는 맛과 향은 또 얼마나 귀한지. 이렇게 제철을 기다려야 먹을 수 있는 떡은 진달래화전, 쑥버무리, 느티떡 등이 있다. 봄 동산에 활짝 핀 진달래 꽃을 따서 지져 먹는 진달래화전은 꽃을 따러 다니는 설레임과 따온 꽃을 곱게 얹어 만들어 내는 낭만이 들어 있는 떡이다. 사람만 그리움이 있는 게 아니다. 음식에도 그리움이 서려 있다.

떡은 자연의 맛이다

의성 히포크라테스는 음식으로 고치지 못한 병은 약으로도 고치지 못한다고 하였다. 이는 우리 몸은 자연의 일부이기 때문에 자연과 가장 가까운 음식을 먹었을 때 마음도 몸도 건강하게 살 수 있다는 의미이다. 자연의 재료들로 자연의 맛과 영양을 그대로 살리는 떡이 바로 그렇다. 쌀, 밤, 잣, 대추, 고구마, 콩, 팥 등 떡의 거의 모든 재료가 자연에서 얻어지는 재료들이다. 그래서 떡을 먹으면 영양으로 배도 채우지만 정서적 충만감으로 마음도 채우는 것 같다. 아마 자연의 재료에서 오는 생명력 때문이 아닐까.

떡은 정 나눔이다

우리 조상들이 나눔을 실천하는 가장 중심에 두었던 것이 바로 떡이다. 잔치가 끝나면 반기살이라 하여, 돌아가는 사람을 빈손으로 보내지 않고 떡을 보자기에 싸서 나누었다. 가난하고 배고픈 이웃들이 많던 시절, 잔치에 와서 먹지 못하고 집에서 기다리고 있을 식구들까지 챙기는 따뜻한 배려이자 정의 나눔이었다. 떡이 아니라 정을 나누었던 이러한 풍습이야말로 세계 어디에서도 찾아보긴 힘든 소중한 문화유산이자, 계속 이어져야 할 정의 문화이다.

떡은 소통이다

지금은 많이 사라져 가고 있지만, 예전에는 이사를 하거나 개업을 하면 떡을 넉넉하게 만들어 이웃에게 돌렸다. 첫인사와 함께 떡을 돌리면 서로 낯설고 서먹했던 마음이 절로 풀리면서 이웃과 금방 가까워지곤 하였다. 돌이나 결혼식 후에도 답례 떡을 돌리면 '웬 떡이냐'는 덕담과 웃음이 오가며 서로 소통하게 된다. 또한 추석 때는 할아버지 할머니 세대와 손주 세대가, 멀리 떨어져 살던 형제들이 함께 둘러앉아 오순도순 정담을 나누며 송편을 빚는다. 이렇게 떡을 만들고 나누면서 우리는 가족과, 이웃과 소통한다.

1장

시간과 인연을 잇는
우리 전통 떡

가을 내음을 전하는
국화화전

봄이 진달래화전이라면 가을은 국화화전입니다. 서릿발 속에서도 굴하지 않고 홀로 꿋꿋하다고 하여, 오상고절傲霜孤節이라 불리는 국화는 특히 선비들의 사랑을 받았던 꽃입니다. 그래서 우리 조상들은 국화를 가까이하고자 분재로 만들어 방에 두고 보았고, 국화 꽃잎을 기름에 지진 국화화전으로 밥상에 옮겨 즐겼습니다. 눈으로 먹고 향으로 먹고 맛으로 먹으며 멋을 즐길 줄 알았던 것입니다. 또한 음력 9월 9일 중앙절에는 술잔에 노란 국화잎을 띄워 향을 즐겼다고도 합니다.

재료 찹쌀 500g, 소금 6g, 국화꽃 10송이, 쑥갓잎 약간, 식용유 약간, 설탕 약간

만드는 법

1. 국화 꽃잎과 쑥갓은 씻어서 마른행주로 닦아준다.

2. 찹쌀가루는 뜨거운 물로 익반죽한다.

3. 반죽을 4cm 크기로 동글납작하게 만든다.

4. 프라이팬에 식용유를 두르고 약불에서 뒤집어가며 익힌다.

5. 양면이 다 익으면 꽃잎을 붙이고 살짝 뒤집어준다.

6. 꺼내서 접시에 담고 설탕을 뿌린다. 이때 서로 잘 붙으므로 떼어 놓는다.

◐ 꽃잎을 떡 위에 놓고 뒤집을 때 아주 빨리 뒤집어 주어야 꽃잎이 변색되지 않고 예쁜 색이 나온다.

◐ 찹쌀반죽은 익으면 늘어나므로 원하는 크기보다 작게 만들어야 한다.

첫 서리 내려앉은
무시루떡

배보다 달고 물이 많다는 가을 무와 쌀가루 팥고물이 어우러져 부드러운 식감과 달콤함이 느껴지는 떡입니다. 특히 무가 달고 단단한 10월 상달부터 겨울철까지 해 먹던 떡으로 붉은팥 고물을 두고 떡을 쪄서 집안의 평안을 기원하고 조상신과 수호신에게 제사를 지냈지요. 무와 멥쌀의 뜨거운 성질과 팥고물의 차가운 성질이 이루는 조화가 사르르 녹는 맛을 더해준답니다. 멥쌀에 부족한 비타민 B1과 단백질을 팥이 보강하고 멥쌀에 없는 비타민 C를 무가 보완하는 무시루떡은 최상의 궁합을 자랑합니다.

재료 멥쌀가루 1kg, 소금 11g, 물 3/4컵, 설탕 100g, 무 400g, 소금 2t, 팥고물 5~6컵

만드는 법
1. 멥쌀은 5시간 이상 충분히 불린 다음 물기를 뺀 후 소금 넣어 빻는다.
2. 1의 가루에 물을 넣어 손으로 비벼 잘 섞은 후 체에 내린다.
3. 무는 굵게 채 썰어 소금에 살짝 절여 물기를 꼭 짜준다.
4. 멥쌀가루에 무를 잘 섞은 후 설탕을 넣어 버무린다.
5. 찜기 바닥에 젖은 베 보자기를 깔고 팥고물을 깔아준다.
6. 5 위에 멥쌀가루와 무를 넣어 평평하게 해준다.
7. 팥고물을 얹고 설탕을 살짝 뿌려준다.
8. 김 오른 찜기에 25분 정도 찐 다음 5분간 불 끄고 뜸 들인다.
9. 먹기 좋은 크기로 썬다.

◑ 무를 살짝 절인 후 반나절 정도 말려서 넣으면 떡이 덜 질어진다.

견과류가 뭉게뭉게 피어오르는
구름떡

찹쌀의 차지고 늘어지는 특징을 이용한 것으로 밤, 호두, 잣 등 견과류와 함께 쪄낸 찰떡을 작게 덩어리 지은 후에, 볶은 팥앙금 가루나 흑임자 가루를 묻혀 틀에 넣어 굳히면 층이 자연스럽게 만들어집니다. 구름떡이라는 이름은 썰었을 때의 단면이 구름 모양과 같다고 해서 붙여진 이름입니다. 떡 이름이 매우 낭만적이지요. 구름떡은 손이 대단히 많이 가지만 들이는 정성만큼 영양과 맛 또한 다른 떡에 비할 수 없이 훌륭합니다. 구름떡은 원래 강원도 횡성 지역에서 만들어졌으나 그 모양과 맛이 뛰어나 현재는 전국에서 만들어지고 있으며 이바지 음식에도 빠지지 않을 정도로 귀하게 대접받습니다.

재료   찹쌀가루 1kg, 소금 11g, 물 1/2컵, 밤 15개, 울타리콩 1컵,

 서리태 1컵, 잣 5T, 호두 10개, 흑임자 가루 2컵, 꿀 약간

만드는 법
1. 찹쌀을 5시간 이상 불려 물을 뺀 후 소금 넣어 빻는다.
2. 찹쌀가루에 손질된 밤, 호두, 서리태, 울타리콩, 잣을 넣어 고루 섞어 둔다.
3. 찜기에 젖은 베 보자기를 깔고 설탕을 살짝 뿌린 후 2의 재료를 안친다.
4. 김 오른 찜통에 25분 정도 찐 다음 불을 끄고 5분 뜸 들인다.
5. 잘 익은 떡을 적당한 크기로 손으로 떼어서 흑임자를 묻힌다.
6. 틀에 랩을 씌운 다음 흑임자 묻힌 떡을 차곡차곡 쌓아둔다.
7. 이렇게 2~3단을 엇갈리게 쌓으면 불규칙하게 구름 모양이 나와서 자연스럽다.
8. 7을 냉동실에 1시간 이상 굳힌 후 꺼내서 썰어 준다.

● **부재료 만드는 법**
1. 밤은 껍질 까서 4등분한다.
2. 호두는 굵게 다진다.
3. 서리태, 울타리콩은 삶아 놓는다.

◑   흑임자를 묻힌 떡을 놓고 그 사이에 꿀을 발라 주어야 서로 잘 붙어서 켜켜이 멋진 구름 모양이 나온다.

임금님 생신상에 오른
두텁봉우리떡

옛날에 '임금님 떡'이었던 두텁떡은 제게는 '교황님 떡'입니다. 2014년 프란치스코 교황께서 우리나라에 오셨을 때, 우리나라의 맛과 멋을 온전히 느끼셨으면 하는 마음으로 감송편, 매화송편, 설기, 팥떡, 절편 등 각종 떡과 다식과 율란 등 한식 다과를 선물로 드렸습니다. 두텁떡은 그중에서도 가장 정성을 들였던 떡이었습니다. 옛날 두텁떡은 임금님의 생일상에 올랐던 떡 중에서도 가장 귀하게 여겼던 궁중의 떡입니다. 교황께 드렸던 두텁떡도 옛 전통방식 대로 만들었습니다. 두텁떡은 시루에 안칠때 하나씩 떠낼 수 있도록 소복하게 안치므로 봉우리떡이라고도 하며 소를 넣고 뚜껑을 덮어 안친모양이 그릇 중의 합과 같아 합병으로도 부르고, 편편히 썰어 먹는 떡이 아니라 두툼하게 생겼다 하여 두터울 후厚자를 붙여, 후병厚餠으로도 불렀습니다.

재료   찹쌀가루 1kg, 진간장 3T, 꿀 1/2컵

                      고물 • 두텁 고물 10컵

                      소 • 두텁 고물 1컵, 다진 유자 1개, 밤 10개, 대추 10개, 잣 2T,

                            유자청 1T, 호두 6개, 꿀 2T, 계핏가루 1T, 후추 약간

만드는 법

1. 찹쌀은 깨끗이 씻어서 5시간 정도 불린 후 물기를 빼서 빻는다.
2. 1의 찹쌀가루에 진간장과 꿀을 넣어 손으로 비벼서 잘 섞어준 후 체에 내린다.
3. 밤은 껍질을 까서 8mm 크기 정도로 썰고 대추도 밤 크기로 썬다. 호두는 뜨거운 물에 담가 속껍질을 깐 후 잘라 놓는다. 소의 모든 재료를 넣어 뭉쳐서 둥글게 만들어 놓는다.
4. 찜기에 젖은 베 보자기를 깔고 두텁 고물을 체로 쳐서 한 켜 깔아준 다음 2의 찹쌀가루를 한 숟가락 떠서 놓는다. 그 위에 3의 소를 놓고 찹쌀을 얹어준다.
5. 4의 재료 위에 두텁 고물을 체로 쳐서 덮어준다.
6. 김 오른 찜통에 얹어 25분 정도 찐 다음 5분 뜸 들인다.
7. 숟가락으로 떡을 조심스럽게 하나씩 꺼낸 다음 모양을 다듬어준다.

◐   꿀은 향이 강하지 않은 것을 사용하는 게 좋다.

고려 여인네의 향수를 달래주던
상추떡

상춧잎을 넉넉히 뜯어 쌀가루와 섞어 간을 하고 시루에 안쳐 흰 팥고물을 켜켜이 얹어 쪄냅니다. 이 때 상추의 물기를 잘 닦아야 질어지지 않습니다. 상추는 고려 여인들에게 고향에 대한 그리움을 달래주는 채소였습니다. 고려시대 몽골군의 침입으로 고려 여인들이 원나라로 끌려갔을 때, 궁중 뜰에다 우리 상추를 심어 밥을 싸 먹으면서 고려에 대한 그리움을 달랬다고 합니다. 고려의 상추가 맛있다고 소문이 나서 원나라 사신들이 상추 종자를 비싸게 사들였기로 천금채千金菜라 불리기도 했답니다.

재료
멥쌀 1kg, 소금 11g, 상추 200g, 물 2/3컵, 설탕 110g, 고물 5컵, 호두 80g

만드는 법
1. 멥쌀을 깨끗이 씻어서 6시간 정도 불린 후 체에 건져 물기를 빼고 소금을 넣어 빻는다.
2. 1에 물을 주어 손으로 비벼서 잘 섞은 후 체에 내린다.
3. 상추는 깨끗이 씻어서 소쿠리에 건져 물기를 뺀 다음 손으로 4등분 정도 큼직하게 뜯어서 쌀가루와 버무린다.
4. 3에다 호두를 잘게 다져서 함께 넣어 섞는다.
5. 4에 설탕을 넣어 골고루 섞는다.
6. 찜기에 젖은 베 보자기를 깔고 고물을 반 정도 깔아준 후 5의 재료를 넣은 다음 위에 남은 고물을 얹어준다.
7. 김 오른 찜통에 25분 정도 찐 후 불을 끄고 5분간 뜸 들인다.

◑ 상추에 수분이 많아서 마른행주로 잘 닦아주어야 떡이 질어지지 않는다.

독립 투사의 강인한 생명력
메밀개떡

메밀개떡은 메밀가루와 찹쌀가루를 섞어 떡살로 무늬를 넣고 울타리콩으로 얌전하게 수를 놓은 떡입니다. 병충해에 강하고 척박한 땅에서도 잘 자라는 메밀은 강인함의 상징인 동시에 우리 독립 투사들의 소중한 양식이었습니다. 메밀국수, 메밀차, 메밀떡 등 다양한 요리로도 우리에게 매우 친숙한 식재료입니다. 메밀은 꽃은 희고 줄기는 붉으며 잎은 푸르고 열매는 검고 뿌리는 노르스름하다 하여, 오색을 갖추었으니 오륜을 아는 식물로 쳤습니다. 메밀은 비타민과 무기질이 풍부하여 몸의 균형을 잘 이루어 줍니다.

재료	메밀가루 400g, 소금 5g, 설탕 40g, 물 1~1과 1/2컵, 찹쌀가루 100g, 콩 약간

만드는 법

1. 메밀가루에 찹쌀가루를 섞어서 익반죽한다. 이때 소금과 설탕을 넣어 많이 치대준다.

2. 둥글납작하게 모양을 빚는다.

3. 떡살에 식용유를 바르고 나서 문양을 찍는다.

4. 문양 위에 콩을 박는다.

5. 찜기에 젖은 베 보자기를 깔고 떡을 얹어서 김이 오른 찜통에 25분 정도 쪄준 후 5분 뜸 들인다.

6. 참기름을 바른다.

◗ 메밀개떡은 메밀가루만 쓰면 딱딱하므로 찹쌀가루를 조금 넣어준다.

쌉싸름하고 부드러운 맛
계강과

계피의 '계'자와 생강의 '강'자를 따와서 계강과라고 부릅니다. 찹쌀가루와 메밀가루를 반죽하여 생강 모양으로 빚어 찐 다음 기름에 지져 잣가루를 묻힙니다. 계피와 생강의 매콤하며 쌉싸름한 향, 찹쌀의 쫄깃한 맛, 쌀가루의 부드러움과 고소함이 어우러져 과자에 가까운 환상적인 떡인 계강과가 완성되지요. 햇생강이 나오는 가을철 다과상에 밤단자나 대추단자와 함께 오르는 귀한 음식입니다. 피를 잘 돌게 하고 몸을 따뜻하게 덥혀주는 생강의 성질이 속을 든든하게 하는 떡으로 잘 어우러진 계강과의 독특한 맛을 기대해도 좋습니다.

재료 찹쌀가루 2/3컵, 소금 2g, 메밀가루 1컵, 계핏가루 1/2t, 다진 생강 1T, 꿀 5T, 잣가루 7T

만드는 법
1. 찹쌀은 깨끗이 씻어서 5시간 정도 불린 후 체에 건져 물기를 뺀 후 소금을 넣어 빻는다.
2. 1의 가루에 메밀가루와 계피, 설탕, 생강을 넣고 끓는 물을 넣어 익반죽한다.
3. 반죽을 조금씩 떼어 생강 모양으로 빚는다.
4. 찜기에 젖은 베 보자기를 깔고 빚은 반죽을 얹어 쪄낸다.
5. 다 익으면 꺼내어 기름 두른 팬에 지진다.
6. 지져낸 계강과에 꿀을 바르고 잣가루를 묻힌다.

◑ 계강과 반죽은 조금 질게 해주어야 부드럽다.

땅 속의 보약으로 지져낸
토란병

추석이 가까워지면 할머니는 떡을 만들 준비를 합니다. 할머니의 거북이 등 같은 손에는 은은하고 고귀한 정성이 가득합니다. 그저 손주들 튼튼하고 건강하게 자라라고 정성껏 빚은 떡이 토란병입니다. 토란병은 삶은 토란을 찹쌀가루와 섞어 얌전하게 지져낸 떡입니다. '흙 속에 숨겨진 알'이라는 뜻의 토란은 잎이 연잎처럼 퍼졌다 하여 토련이라고도 부릅니다.

재료   토란 400g, 소금 5g, 찹쌀가루 400g, 소금 5g, 식용유 적당량

만드는 법
1. 토란을 깨끗이 씻어 삶은 후 껍질을 벗긴다.
2. 익은 토란에 소금 간 하여 찹쌀가루와 섞어서 뜨거운 물로 익반죽한다.
3. 둥글납작하게 모양을 만든다.
4. 팬에 식용유를 두르고 노릇노릇하게 지져낸다.
5. 예쁘게 장식한다.

◑   토란을 쪄서 껍질을 까는 것이 훨씬 쉽다.

자연이 그려준 떡
오색편

자연에서 얻은 재료로 쌀가루를 색색이 물들이다 보면, 어느 화가도 부럽지 않습니다. 인공 색소와는 달리 천연 재료로 내는 빛깔은 은근한 화려함이 있지요. 석이버섯 가루로 검은색을 내고, 승검초로 녹색을, 단호박으로 화려한 노란색을 냅니다. 대추고로 깊은 갈색을, 꿀편으로 달콤한 색을 만들어 내면, 오색편의 다섯 가지 색의 어우러짐은 그 자체로 한 폭의 그림입니다. 곱게 물들인 오색편을 놋쟁반 위에 놓으면, 어느 그림이 이보다 은은하고 화려할까 싶습니다.

1. 백편

재료   멥쌀가루 500g, 소금 6g, 설탕 50g, 물 60g, 꿀 3T, 대추 약간, 호박씨 약간

만드는 법

1. 멥쌀을 깨끗이 씻어서 6시간 정도 불린 후 체에 건져 물기를 빼고 소금을 넣어 빻는다.
2. 1의 멥쌀가루를 체에 내린다.
3. 멥쌀가루에 물과 꿀을 끓여서 식힌 꿀물을 넣은 후 손으로 비벼서 잘 섞어준 후 체에 내린다.
4. 3의 재료에 설탕을 고루 섞는다.
5. 찜기에 젖은 베 보자기를 깔고 4를 넣어 평평하게 하고 원하는 크기로 칼로 선을 그어준 후 고명을 얹는다.
6. 김 오른 찜통에 25분 찌고 5분 뜸 들인다.

◑ 멥쌀로 떡을 찔 때는 먼저 칼로 원하는 모양의 금을 그은 후 쪄야 단면이 깨끗하다.

2. 꿀편

재료   멥쌀가루 500g, 소금 6g, 대추고 3/4컵, 꿀 3T

만드는 법
1. 멥쌀을 깨끗이 씻어서 6시간 정도 불린 후 체에 건져 물기를 빼고 소금을 넣어 빻는다.
2. 1의 멥쌀가루를 체에 내린다.
3. 2의 멥쌀가루에 대추고와 꿀을 넣어 손으로 잘 비벼서 체에 내린다.
4. 찜기에 젖은 베 보자기를 깔고 3의 재료를 넣어 평평하게 한 후 원하는 크기로 칼로 선을 그어준 후 고명을 얹어준다.
5. 김 오른 찜통에 25분 찌고 5분 뜸 들인다.

3. 승검초편

재료   멥쌀가루 500g, 소금 6g, 설탕 30g, 승검초 가루 1T+물 2T, 물 60g+꿀 3T

만드는 법
1. 멥쌀을 깨끗이 씻어서 6시간 정도 불린 후 체에 건져 물기를 빼고 소금을 넣어 빻는다.
2. 1의 가루를 체에 내린다.
3. 2의 멥쌀가루에 물과 꿀을 끓여서 식힌 꿀물을 섞은 후 승검초와 물 섞어놓은 것을 넣어 손으로 비벼서 체에 내린다.
4. 찜기에 젖은 베 보자기를 깔고 3의 재료를 넣어 평평하게 한 후 원하는 크기로 선을 그어 고명을 얹어준다.
5. 김 오른 찜통에 25분 찌고 5분 뜸 들인다.

4. 석이편

재료 멥쌀가루 500g, 소금 6g, 설탕 30g, 석이 가루 1T+따뜻한 물 1T,
물 60g, 꿀 3T

만드는 법
1. 멥쌀을 깨끗이 씻어서 6시간 정도 불린 후 체에 건져 물기를 빼고 소금을 넣어 빻는다.
2. 1의 가루를 체에 내린다.
3. 2의 멥쌀가루에 물과 꿀을 끓여서 식힌 꿀물을 섞은 후에 석이 가루와 물을 섞어놓은 것을 함께 넣어 손으로 비벼 체에 내린다.
4. 찜기에 젖은 베 보자기를 깔고 3의 재료를 넣어 평평하게 한 후 원하는 크기로 선을 그어 고명을 얹어준다.
5. 김 오른 찜통에 25분 찌고 5분 뜸 들인다.

---

5. 단호박 편

재료 멥쌀 500g, 소금 6g, 단호박 가루 4T+물 2T, 물 60g+꿀 3T

만드는 법
1. 멥쌀을 깨끗이 씻어서 6시간 정도 불린 후 체에 건져 물기를 빼고 소금을 넣어 빻는다.
2. 1의 멥쌀가루를 체에 내린다.
3. 2의 멥쌀 가루에 물과 꿀을 끓여서 식힌 꿀물을 섞은 후에 단호박 가루와 물을 섞은 것을 함께 넣어 손으로 비벼서 체에 내린다.
4. 찜기에 젖은 베 보자기를 깔고 3의 재료를 넣어 평평하게 한 후 원하는 크기로 선을 그어 고명을 얹어준다.
5. 김 오른 찜통에 25분 찌고 5분 뜸 들인다.

소박하고 순수한 맛
콩설기

콩설기는 콩 버무리라고도 부르는데, 멥쌀가루에 검은콩이나 밤콩, 청태 등을 섞어 켜 없이 쪄낸 떡입니다. 가을에 청태가 나오면 멥쌀가루에 콩을 섞어 콩 버무리를 하고 겨울에는 검은 콩설기를 하는데 멥쌀에 부족한 단백질을 콩이 보충해주어 소박하지만 영양도 맞춰주는 떡입니다. 설기 떡은 고려시대부터 뿌리를 내린 우리 민족의 전통적인 떡입니다. 조선시대에 와서는 종류가 더욱 다양해졌지요. 불린 콩을 섞어서 찐 콩설기와 쑥을 버무려 찐 쑥설기, 무를 채 쳐서 섞은 무설기, 밤·대추·곶감 등을 섞은 잡과설기 등이 있습니다.

재료	멥쌀가루 1kg, 소금 11g, 설탕 30g, 물 3/4컵, 불린 콩 250g~300g

만드는 법

1. 멥쌀을 깨끗이 씻어서 6시간 정도 불린 후 체에 밭쳐서 물기를 제거하고 소금을 넣어 빻는다.
2. 검은콩은 불려서 끓는 물에 넣어 삶아둔 다음 소금을 뿌린다. 이때 미리 소금을 뿌리면 물이 나와 질어지므로 쌀가루를 섞기 전에 뿌린다.
3. 2의 가루에 콩을 넣어서 잘 섞은 다음 설탕을 넣어 섞는다.
4. 찜기에 젖은 베 보자기를 깔고 3의 재료를 안친 후 평평하게 한다.
5. 김이 오른 찜기에 20분 찐 후 5분 정도 뜸 들인다.

◐ 콩은 많이 삶으면 메주 냄새가 나고 덜 삶아지면 비린 맛이 나므로 불린 콩을 뚜껑 열고 10~15분 정도 삶을 때 가장 적당하게 익는다. 콩설기는 달지 않아야 맛있다.

할머니의 얼굴을 닮은
약편

약편은 충청도 향토음식으로 '대추편'이라고도 하며, 대추를 푹 고아 껍질을 걸러 만든 대추고와 막걸리를 넣어 만든 부드럽고 촉촉한 떡입니다. 대추고와 쌀가루 막걸리를 섞어 설탕으로 간을 한 뒤에 대추 채, 밤 채, 석이 채를 고명으로 얹어 쪄냅니다. 대추의 은은한 향과 맛을 제대로 느낄 수 있는 떡이지요.

재료	멥쌀 1kg, 대추고 1/2컵, 막걸리 5T, 꿀 3T
	고명 ● 밤 채 1컵, 대추 채 1/2컵, 석이 채 1/4컵

만드는 법

1. 멥쌀을 깨끗이 씻어서 5시간 정도 불린 후 체에 밭쳐서 물기를 제거하고 소금을 넣어 빻는다.
2. 멥쌀가루에 대추고를 넣어 고루 섞은 다음 막걸리와 꿀을 넣고 잘 섞어준 후 체에 내린다.
3. 멥쌀가루를 손으로 쥐었을 때 뭉쳐졌다가 살짝 풀어질 정도로 되면 알맞은 반죽이다.
4. 찜기에 젖은 베 보자기를 깔고 3의 가루를 안치고 평평하게 한다.
5. 밤 채, 대추 채, 석이 채를 고루 섞어서 4의 위에 고명으로 얹어준다.
6. 김 오른 찜기에 25분 정도 찐 후 5분 정도 뜸 들인다.

◐ 막걸리는 생막걸리를 쓰는 게 좋다.

찻물 끓는 소리처럼 부드러운
잣설기

이렇게 깊고 부드러운 맛이 또 있을까요. 사르르 봄눈이 녹는 식감의 잣설기는 잣의 지방 성분 때문에 씹는 맛이 더없이 부드럽고 고소합니다. 바람 소리 들으며 맑은 매화차 한 잔과 곁들여 먹으면 어느 신선도 부럽지 않지요. 100일을 먹으면 몸이 가벼워지고, 300일을 먹으면 하루에 500리를 걷고, 꾸준히 먹으면 신선이 된다고 하는 잣은 효능도 정말 많아서 잣설기는 맛도 영양도 더할 나위 없는 떡입니다. 깊은 잠을 잘 수 있게 해주고 피를 잘 돌게 하여 몸의 기운을 잘 흐르게 하고, 위도 잘 다스려주는 잣의 효능을 부드럽고 고소한 맛과 함께 누릴 수 있는 떡입니다.

재료   멥쌀 500g, 꿀 1/2컵, 물 1/2컵, 설탕 20g, 잣 100g

만드는 법

1. 멥쌀을 깨끗이 씻어서 6시간 정도 불린 후 체에 밭쳐서 물기를 제거하고 소금을 넣어 빻는다.
2. 멥쌀가루에 꿀과 물을 넣고 손으로 비벼서 잘 섞은 후 고운 체에 내린다.
3. 잣은 고깔을 떼고 마른행주로 닦아준 다음 도마에 키친타월을 깔고 잘게 다진다.
4. 2의 가루에 잣가루를 넣고 잘 섞어준다.
5. 찜기에 젖은 베 보자기를 깔고 4의 재료를 안치고 위를 평평하게 한다.
6. 김이 오른 찜기에 25분 정도 찐 후 5분간 뜸 들인다.

◑   잣은 치즈 가는 기계로 갈아주면 손쉽게 갈 수 있다.

아삭하고 고소한
서여향병

서여향병은 마를 둥글게 썰어 살짝 쪄낸 뒤에 꿀에 담갔다가 찹쌀가루를 묻혀서 기름에 지져 잣가루를 입힌 것으로, 바삭하면서도 쫄깃하고 고소한 맛이 일품입니다. 〈규합총서〉에 떡 이름과 만드는 법이 기록되어 있는 것으로 보아 조선시대 후기에 만들어 먹었던 것으로 추측됩니다. 기운을 보하고 마음을 안정시키며 기억력을 좋게 해주는 마를 떡으로 만들어 먹었던 조상들의 지혜가 돋보이지요.

재료   마 400g, 찹쌀가루 1컵, 꿀 약간, 식용유 약간, 잣 1컵

만드는 법

1. 마는 길쭉하고 둥근 형태의 모양으로 준비한다.
2. 껍질을 벗겨서 0.6cm 정도로 둥글게 썬다.
3. 썰어놓은 마를 찜기에서 6~7분 정도 찐다.
4. 쪄진 마를 소금 약간 뿌린 후 꿀에 30분간 재운 다음 찹쌀가루를 묻힌다.
5. 팬에 넉넉한 양의 식용유를 두르고 4를 넣어 익힌다.
6. 기름기를 충분히 뺀 다음 다져 놓은 잣가루를 묻힌다.
7. 접시에 예쁘게 장식하여 담아낸다.

◐   잣가루를 만들 때 도마에 티슈 깔고 칼로 다져서 잠시 놓아두면 종이가 기름을 흡수한다. 잣이 보송보송해지면 사용한다.

◐   기름이 싫으면 쪄서 꿀 바르고 잣가루를 묻혀 먹어도 된다.

조약돌처럼 앙증맞은
개성주악

주악이란 찹쌀가루로 반죽하여 대추, 깨 등의 소를 넣고 작은 송편 모양으로 빚어 튀겨서 꿀에 집청하여 편의 웃기로 사용하는 떡입니다. 주악이라는 이름은 조약돌처럼 앙증스럽게 생겼다고 해서 붙여진 이름입니다. 개성주악은 찹쌀가루와 멥쌀가루를 섞어 막걸리로 되직하게 반죽한 다음 둥글넓적하게 빚어서 기름에 지진 떡으로 조금 크게 만드는 것이 특색이고 담을 때는 가운데에 대추와 잣을 하나씩 박지요. 〈규합총서〉에는 밤주악과 대추주악이 수록되어 있고 〈임원십육지〉에는 '지금 사람은 가장 귀히 여기며 손님대접과 제사의 음식에 반드시 이것은 병품餅品의 상에 둔다'고 하였으며, 잔치상 맨 앞자리에 오르는 주악을 으뜸 떡류로 쳤던 것을 알 수 있습니다.

재료

찹쌀가루 1kg, 소금 11g, 밀가루 1컵, 설탕 1/2컵, 막걸리 1컵,
뜨거운 물 2큰술, 식용유 적당량, 고명으로 쓸 대추와 호박씨 약간

만드는 법

1. 찹쌀을 깨끗이 씻어 5시간 이상 불린 후 물기를 빼고 소금 간하여 빻는다.
2. 찹쌀가루에 분량의 밀가루와 설탕을 잘 섞은 후 체에 내린다.
3. 2의 재료에 막걸리를 따뜻하게 해서 고루 섞고 뜨거운 물을 넣고 끈기가 생길 때까지 고루 치댄다.
4. 3의 반죽을 작게 떼어 둥글게 빚은 후 젓가락으로 가운데 구멍을 낸다.
5. 튀김용 팬에 식용유를 붓고 150도 온도에서 빚어놓은 주악을 넣어 중간중간 뒤집어 고루 색깔 나게 튀긴다.
6. 만들어놓은 집청에 담갔다가 건진다.
7. 건져낸 주악에 고명으로 장식한다.

● **집청 시럽 만드는 법**
재료 : 조청 400g, 물 2컵, 생강 30g, 통계피 1대, 소금 약간
1. 냄비에 물, 생강, 통계피를 넣고 약불에서 끓인다.
2. 물이 반 정도 줄어들면 계피와 생강을 건진다.
3. 2에 조청과 소금을 넣고 꿀의 농도 정도 될 때까지 조려준 후 체에 밭쳐 식혀둔다.

제주 차조의 정겨운 맛
오메기떡

오메기떡은 차조 가루로 만든 떡에 팥고물을 묻혀 먹는 제주도의 향토 음식입니다. 벼농사가 힘든 제주도에서 차조를 이용하여 만든 떡이지요. 전통적인 제조법은 일명 '흐린 좁쌀'이라고 하는 검은색 차조를 사용하였는데, 현대로 오면서 찹쌀을 섞어 반죽을 하게 되었습니다. 떡의 겉면에는 팥고물을 묻히는데 오메기떡은 뜨거울 때 먹어야 차조의 고소한 맛과 팥고물의 달콤함의 조화를 가장 잘 느낄 수 있습니다.

재료 차좁쌀 5컵, 소금 6g, 설탕 50g. 붉은팥 고물 3컵

만드는 법
1. 차조는 8시간 이상 충분히 불려서 물기를 뺀 후 소금을 넣고 빻는다.
2. 끓는 물로 익반죽하면서 설탕을 넣어준다.
3. 반죽은 4~5cm가 되도록 둥글게 하여 도너츠 모양처럼 만든다.
4. 끓는 물에 3을 넣어 떠오르면 불을 끄고 그대로 2~3분 정도 두었다 체로 건진다.
5. 마른행주로 물기를 닦아준다.
6. 팥고물을 묻혀낸다.

◑ 차좁쌀은 찰기가 약해서 찹쌀가루를 조금 넣어서 만들면 찰지다.
◑ 팥고물 대신 콩고물을 묻혀도 좋다.

동짓달 추억의 소리
찹쌀떡

이제는 추억의 소리가 되어 사라졌지만 긴긴 동짓달 늦은 겨울밤에 "찹쌀~떡, 메밀~묵"을 외치던 아저씨의 목소리가 생각나는 간식입니다. 찹쌀떡 외침이 긴 여운을 남기고 멀어질 때면 가족들은 작은 방에 둘러앉아 메밀묵과 같이 출출한 배를 채우던 추억의 음식이지요.

인절미보다는 묽게 반죽한 쫄깃한 떡에 질 좋은 팥으로 소를 꽉 차게 넣어 녹말에 굴려 만듭니다. 입에 흰 가루를 묻혀가며 먹으면 매끈한 식감이 겨울밤을 행복하게 해주던 별미였습니다.

요즘에는 바쁜 일상에 아침 대용이나 오후 시간 출출할 때 간식으로 먹기 좋은 떡입니다.

재료
찹쌀가루 1kg, 소금 11g, 계란 흰자 1개, 팥앙금 4컵,

호두 다진 것 1/2컵, 유자 다진 것 4T, 두텁 고물 1컵, 전분가루 적당량

만드는 법

1. 찹쌀을 6시간 정도 불려서 물기를 뺀 후 소금을 넣어 빻는다.
2. 찹쌀가루에 물을 넣어서 되직하게 반죽한다.
3. 반죽을 떼어 둥글게 하여 가운데 엄지손가락으로 구멍을 뚫어준다.
4. 끓는 물에 넣어서 떠오르면 2~3분 정도 그대로 두었다가 꺼낸다.
5. 절구나 양푼에 쏟아 방망이로 끈기가 생길 때까지 치댄다. 이때 계란 흰자를 넣으면서 치댄다.
6. 치댄 떡을 작은 덩어리로 떼어 소를 가운데 넣고 오므려 동그랗게 빚는다.
7. 6의 빚은 떡에 녹말가루를 묻힌다.

● 소만들기

팥앙금에다 호두 다진 것, 유자 다진 것, 두텁 고물 1컵 넣어 섞어둔다.

◑ 찹쌀떡에 계란 흰자를 넣으면 굳는 속도가 느려진다.

입안 가득 부는 솔바람
송화편

송화편은 멥쌀가루에 송홧가루를 섞고 꿀물을 내린 다음 잣가루와 섞어 찌는 떡입니다. 단독으로 찌기도 하지만 흑임자 가루를 넣은 것과 흰 쌀가루와 함께 삼색으로 편편히 놓고 삼색무리병으로 쪄서 축하용 떡으로 이용하기도 합니다. 쌀가루 속에서 더 빛나는 고운 노란빛 떡을 한 입 맛보면 잣 향과 솔 향이 노란빛보다도 더 곱게 입 안 가득 감돌지요. 5월경, 아직 다 피지 않은 소나무의 수꽃을 따서 말린 후 털어 얻는 송홧가루는 궁중에서 다식을 만들어 먹거나 꿀물에 타 송화밀수로 마시기도 했습니다. 송화편을 송화밀수와 곁들이면 여름철에 더위를 식히기에 더없이 좋답니다.

재료   멥쌀가루 500g, 소금 6g, 송홧가루 6큰술, 물 1/2컵, 꿀 3T

만드는 법
1. 멥쌀을 6시간 이상 불려서 물기를 뺀 후 소금 넣어 곱게 빻는다.
2. 멥쌀가루에 물을 섞어 잘 비벼서 체에 내린다.
3. 2에 꿀을 섞어 손으로 잘 비벼준 다음 송홧 가루를 넣어 잘 섞어준다.
4. 체에 한 번 더 내린다.
5. 찜기에 젖은 베 보자기를 깔고 4의 재료를 고르게 펴서 평평하게 안친다.
6. 김이 오른 찜기에 20분간 찐 후 5분간 뜸 들인다.

◑   송화는 수입산이 많은데 수입산은 잡티가 많아서 송홧가루를 물에 풀어준 후 바가지를 띄워 바가지 겉면에 묻은 것을 떼어서 한지에 넓게 펴서 말려서 써야 한다.

포슬포슬하고 쫄깃한 맛
호박고지떡

12월에 들어서면 따끈한 동지 팥죽이 떠오르며, 여러 가지 팥으로 만든 음식들이 입맛을 당기곤 합니다. 그중에서도 팥고물을 듬뿍 넣은 호박고지떡은 떠올리기만 해도 침이 가득 고입니다. 포슬포슬한 팥고물과 꼬들꼬들 달콤한 호박고지가 빚어내는 감칠맛은 기가 막히지요. 햇볕에 잘 말린 늙은 호박은 말리기 전보다 맛도 몇 배나 진해지고 영양도 높아지는데, 호박고지도 살짝 얼었다 녹기를 여러 번 반복해야 훨씬 쫄깃하고 단맛이 높아진다고 합니다. 밤에는 비닐을 씌워 이슬을 피하고, 낮에는 햇빛과 바람을 충분히 받도록 정성을 여러 날 들여서 맛있는 호박고지를 완성하는 것이지요. 호박고지떡에는 잘 말린 호박고지의 주홍색과 눈이 온 겨울의 하얀색이 만들어 낸, 마음을 홀릴 만큼 아름다운 풍경이 그대로 담겨 있습니다.

재료　　　　멥쌀가루 500g, 물 1/2컵, 찹쌀가루 500g, 소금 11g, 호박고지 100g
　　　　　　　팥고물 ● 물 6컵, 소금 6g, 설탕 1/2컵

만드는 법　　1. 멥쌀은 6시간 불려서 소금 넣어 가루로 빻는다. 여기에 물을 주어 한
　　　　　　　　번 더 체에 내린다.
　　　　　　　2. 찹쌀은 5시간 이상 불려서 물을 빼고 소금 넣어 가루로 빻는다.
　　　　　　　3. 멥쌀가루와 찹쌀가루를 섞어서 체에 내린다.
　　　　　　　4. 3의 가루에 호박고지를 잘 섞어둔다.
　　　　　　　5. 찜기에 젖은 베 보자기를 깔고 팥고물 한 켜 놓고 설탕을 뿌려준다.
　　　　　　　6. 5 위에 4를 고루 퍼서 안친다.
　　　　　　　7. 6 위에 팥고물 얹고 남은 설탕을 뿌려준다.
　　　　　　　8. 김이 오른 찜통에 30분 찌고 5분 뜸 들인다.

● 호박고지 만들기
1. 호박고지는 오래 담그면 풀어지므로 두세 번 씻어 건져두면 말랑해진다.
2. 말랑해진 호박고지를 설탕 100g 정도 넣어서 맛이 배게 한다.

◐　　　　　　호박고지는 불리면 두 배 정도 늘어난다.

향긋한 봄 향기를 풍기는
쑥갠떡

우리 조상들은 겨울을 지내고 봄이 되면 진달래나 골담초꽃으로 부친 화전과 달래, 냉이로 기운을 북돋우기도 했지만 산이며 들로 다니며 쑥을 뜯어 쑥갠떡을 즐겨 만들어 먹었습니다. 요즘도 예쁜 떡살에 찍어 만들어 차와 함께 내면 손님상에서 봄을 즐기기에 손색이 없습니다. 쑥은 독성이 없어 모든 이에게 두루 좋고, 겨우내 잃었던 활력을 되찾아 주며, 여성들에게 특히 좋다고 알려져 있습니다. 옛날 중국 주나라 유왕이 너무 방탕하여 이를 우려한 신하가 3월 첫째 날에 혼자 먹을 수 없다며 쑥을 종묘에 바쳤는데 나라가 크게 태평하였다고 합니다. 그래서 삼짓날 쑥떡을 먹으면 장수하고 사악한 기운을 쫓을 수 있다고 여깁니다.

재료   멥쌀가루 1kg, 소금 12g, 데친 쑥 200g, 설탕 20g,
         뜨거운 물 2~2와 1/2컵

만드는 법
1. 멥쌀은 6시간 이상 충분히 불린 후 물기를 빼서 소금 넣어 빻는다.
2. 1의 멥쌀가루에 데친 쑥을 넣어 곱게 빻는다.
3. 다시 한번 방아에 곱게 내린다.
4. 뜨거운 물로 익반죽한다.
5. 50g씩 떼어서 둥글게 떡살로 모양을 찍는다.
6. 찜기에 젖은 베 보자기를 깔고 떡을 얹어 20분 찐 후 불을 끄고 5분 정도 뜸 들인다.
7. 쪄진 떡에 참기름을 발라준다.

◗   쑥갠떡은 가루를 곱게 빻아야 완성 시 질감이 부드러우면서 쫄깃하다.

아이를 등에 업고 있는 모습
등태떡

몸에 좋은 쑥떡에 두텁 고물을 올린 모습이 아이를 등에 업고 있는 모양이라 해서 등태떡이라고 부릅니다. 찹쌀가루에 쑥을 넣어 찐 뒤 네모나게 모양 지어 꿀을 넣어 뭉친 두텁 고물을 붙입니다. 쑥 이야기를 좀 해볼까요. 맹자는 삼 년 묵은 쑥은 못 고칠 병이 없는 명약이라고 말했지요. 폐허에서도 가장 먼저 나온다는 쑥은 언 땅에서 추위를 견디고 나온 만큼 생명력이 강하고 따뜻한 기운을 가지고 있습니다. 어느 봄날 쑥을 너무 많이 캐서 미처 손질 못 하고 다음 날 보니 쑥이 전부 까맣게 변해 버렸습니다. 밤사이 쑥에서 나온 열에 의해 쑥이 떠버린 것이지요. 그 많은 쑥을 버리면서 속은 쓰렸지만 쑥이 몸을 따뜻하게 한다는 것을 경험했답니다.

재료   찹쌀가루 1kg, 소금 11g, 데친 쑥 200g, 설탕 50g, 물 30g,
두텁 고물 2컵, 꿀 약간

만들기
1. 찹쌀은 깨끗이 씻어서 5시간 정도 불린 후 체에 건져 물기를 빼고 소금을 넣어 빻는다.
2. 찹쌀가루에 데친 쑥을 섞어 방아를 한 번 더 빻는다.
3. 2의 가루에 물과 설탕을 넣어 섞어준다.
4. 찜기에 젖은 베 보자기를 깔고 3을 넣어 25분간 찐 다음 불을 끄고 5분 뜸 들인다.
5. 떡을 꺼내어 식힌 후에 네모나게 썬다.
6. 두텁 고물에 꿀로 반죽하여 덩어리지게 해서 5의 떡 양면에 붙여준다.

◐   쑥을 데칠 때는 식소다나 소금을 넣고 데치면 순간 온도가 올라가서 쑥 색이 예쁘게 나온다.

쫄깃하고 달콤한
감고지떡

가을볕이 좋은 날, 잘 익은 감을 얇게 썰어 하얀 분이 나올 때까지 말려서 감고지를 만듭니다. 시상이
라고도 하고 감에 눈이 내린 것 같다고 해서 시설柿雪이라고도 부르는 감의 하얀 분은 궁중에서 감미
료로 사용하였고 가래를 삭이고 갈증을 없애주고 폐의 열을 내려줍니다. 새하얀 쌀가루 사이사이로
보이는 감고지의 붉은 색감과 쫄깃함이 깊고 온후한 가을의 정서와 맛을 느끼게 해 주지요. 상주지
방에서는 곱게 간 홍시를 졸여 쌀가루에 섞어 감고지떡을 만드는데, 상주설기라고 부른답니다. 감고
지는 떡을 찌는 과정에서 물러질 수 있으니 쫄깃하게 마른 것을 쓰는 것이 좋습니다.

재료   멥쌀 1kg, 소금 11g, 감고지 250g, 물 3/4컵, 설탕 50g, 두텁 고물 6컵

만드는 법
1. 멥쌀을 깨끗이 씻어 6시간 정도 불린 후 체에 건져 물기를 뺀다. 소금
   을 넣어 빻는다.
2. 1의 가루에 물을 넣어 손으로 비벼서 잘 섞은 후 체에 내린다. 설탕을
   넣고 고루 섞는다.
3. 감고지는 사방 1.5cm 크기로 썬 다음 2의 가루에 섞는다.
4. 찜기에 젖은 베 보자기를 깔고 두텁 고물을 한 켜 깔아준다. 3의 재료
   를 넣어 평평하게 한 다음 두텁 고물을 위에 얹어서 펴 준다.
5. 김이 오른 찜기에 25분 정도 찐 후 5분 뜸 들인다.

◑   감이 단맛이 뛰어나므로 설탕은 적게 넣는다.

떡 속에 과일이 살아 있는
잡과병

잡과병은 멥쌀가루에 밤, 대추, 곶감, 유자, 잣, 호두 등 여러 가지 과일과 견과류를 함께 섞어 시루에 찐 무리 떡입니다. 여러 가지 과일을 섞는다는 뜻에서 잡과雜果라는 이름이 붙었습니다. 입맛에 맞는 과일을 마음껏 넣어 찌는 가을 떡이지요. 멥쌀가루 대신 찹쌀가루로 찰잡과병을 찌기도 합니다. 또 유자청 건지를 넣어 상큼한 향미를 더하기도 하고 매실을 넣어 새콤한 맛을 내기도 합니다. 갖가지 과일의 풍부함과 견과류의 고소하게 섭히는 식감이 어울려 그 맛이 가히 일품입니다. 물론 영양도 풍부하여 맛과 영양이 조화를 잘 이루는 떡이지요.

| 재료 | 멥쌀 1kg, 소금 11g, 물 3/4컵, 설탕 1/4컵, 꿀 3T, 유자청 2T, 밤 10개, 대추 12개, 호두 10개, 곶감 4개, 잣 1T, 유자 껍질 다진 것 2T |

만드는 법

1. 멥쌀을 깨끗이 씻어서 5시간 정도 불린 후 체에 건져 물기를 빼고 소금을 넣어 빻는다.
2. 1의 멥쌀가루에 물을 넣어 손으로 비벼서 잘 섞어준 후 체에 내린다.
3. 꿀과 유자청을 넣어 잘 섞어준 후 체에 내린다.
4. 밤, 대추, 곶감, 호두는 먹기 좋은 크기로 썰어놓는다.
5. 잣은 고깔을 떼어 준 후 마른행주로 닦아준다.
6. 3의 가루에 4, 5를 넣어 잘 섞어준다.
7. 찜기에 젖은 베 보자기를 깔고 6을 넣어서 위를 평평하게 한다.
8. 김이 오른 찜기에 25분 정도 찐 후 불을 끄고 5분 정도 뜸 들인다.

◑ 곶감은 넣을 때 너무 딱딱한 것은 물에 씻어서 조금 놔두면 말랑거린다.

소담스럽고 찰진
쇠머리떡

쇠머리떡은 찹쌀가루에 밤, 대추, 콩, 팥, 호박고지 등을 섞어 버무려 시루에 찐 찰 무리 떡입니다. 겹쳐서 굳혀 썰었을 때 마치 쇠머리 편육처럼 생겼다 하여 붙여진 이름으로 모듬백이라고도 합니다. 수확기인 가을철에 주변에서 흔하고 쉽게 구할 수 있는 곡식과 과일 등의 재료로 만든 충청도의 향토 음식이랍니다. 쇠머리떡은 식은 뒤에 얌전하게 썰어야 모양이 나는데, 갖은 재료가 쫄깃한 찹쌀과 어우러져 씹을수록 고소하고 단맛이 납니다.

재료 찹쌀 1kg, 소금 11g, 설탕 110g, 마른 호박고지 40g,
검은콩 불린 것 250g, 밤 12개, 대추 12개

만드는 법
1. 검은콩을 물에 불려 10~15분 정도 삶는다.
2. 호박고지는 물에 불려서 3~4cm 크기로 자른다.
3. 밤은 껍질을 벗겨 6등분 정도 크기로 썬다.
4. 대추는 돌려 깎아서 4등분 정도로 썬다.
5. 찹쌀은 깨끗이 씻어서 5시간 정도 불린 후 체에 건져 물기를 뺀 후 소금을 넣어 빻는다.
6. 찜기에 젖은 베 보자기를 깔고 설탕을 살짝 뿌려준 후 손질한 재료의 반 정도를 깔아준다.
7. 찹쌀가루에 남은 재료를 다 넣어서 잘 섞어준 후 한주먹씩 쥐어서 시루에 안친다.
8. 김이 오른 찜통에 25분 정도 찐 다음 불을 끄고 5분 뜸 들인다.
9. 꺼낼 때 비닐에 기름을 발라서 꺼낸 후 모양을 예쁘게 잡아준다.

◑ 고물 없는 찹쌀떡을 찔 때는 바닥에 설탕을 살짝 뿌려주면 떡이 익은 후 베 보자기가 잘 분리된다.
◑ 쇠머리 떡은 모양을 잡아서 냉동고에 넣었다 꺼내어 썰어야 모양이 깔끔하게 나온다.

볼록한 모양에 맛 좋은
개피떡

껍질 벗긴 팥이나 녹두로 고물을 만들어 소를 넣고 반달 모양으로 곱게 찍어낸 떡입니다.
주로 봄철에 향긋한 쑥이나 송기를 넣고 반죽을 얇게 밀어 만드는데 얇은 껍질로 싼다 하여 갑피떡
이라 하다가 개피떡이 되었다고 합니다. 소를 넣을 때 공기가 들어가 볼록한 모양 때문에 바람떡이
라고도 부릅니다. 모양이 송편과 비슷하지만 송편은 다 빚은 뒤에 찌고 개피떡은 익힌 반죽으로 만
들고요. 개피떡은 봄에, 송편은 가을에 많이 먹습니다. 모양도 예쁘고 맛도 좋아 잔치 때 자주 먹지만
바람떡이라는 이름 때문에 혼례상에는 절대 오르지 못한답니다.

재료	멥쌀가루 600g, 소금 7g, 물 1/2컵, 데친 쑥 50g
	소 ● 두텁 고물 1/2컵, 꿀 1~2T, 계핏가루 약간

만드는 법

1. 멥쌀은 깨끗이 씻어 6시간 정도 불린 후 체에 건져 물기를 뺀 후 소금
   을 넣어 빻는다.
2. 가루를 반 나누어서 흰색은 남겨 놓고 반은 쑥을 섞어 빻는다.
3. 쌀가루에 물을 넣어 반죽하여 15~20분 정도 찐다.
4. 찐 떡을 그릇에 담아 방망이로 쳐준 다음 밀대로 밀어 얇게 만든다.
5. 소는 두텁 고물에 계핏가루, 꿀을 넣어 잘 뭉친 후 둥글게 만든다.
6. 밀어 놓은 떡에 소를 넣고 반으로 접어서 반달 모양으로 찍어내어 참
   기름을 바른다

◑　절편을 밀대로 밀 때는 위아래로 밀어 준다.

차마 삼키기 아까운 귀한 떡
석탄병

먹기 아까워서 차마 삼킬 수가 없다는 뜻을 가진 석탄병은 이름만으로도 맛이 없을 수가 없겠지요.
무언가를 마구 말리고 싶도록 햇살이 좋은 날 자연 숙성되어 풍미가 깊어진 감을 얇게 썰어 종잇장
처럼 바짝 말려 가루를 냅니다. 쌀가루와 잣가루 계피, 생강, 녹말, 꿀을 섞어 떡을 쪄내면 달콤하고
부드러우며 독특한 감칠맛이 납니다. 임금님 생신상에 오르던 귀한 떡이지요.

재료 멥쌀가루 1kg, 소금 11g, 물 3/4컵, 꿀 1/4컵, 감 가루 2컵 잣가루 1컵,
계핏가루 2T, 생강 녹말 1T, 깐 밤 1컵, 대추 썬 것 1/2컵, 녹두 고물 4컵

만드는 법
1. 멥쌀가루에 물과 꿀을 넣어 손으로 비벼 준 후 체에 내린다.
2. 1의 멥쌀가루에 감가루, 계핏가루, 잣가루, 생강 녹말을 넣어 잘 섞어
   준다.
3. 체에 내린다.
4. 껍질 깐 밤을 6등분 대추살은 4등분한다.
5. 체에 내린 떡가루에 4의 재료를 잘 섞어준다.
6. 찜기에 젖은 베 보자기 깔고 녹두 고물을 넣고 그 위에 떡가루를 안
   친 후 녹두 고물을 덮어준다.
7. 김 오른 찜기에 25분 정도 찐 후 불을 끄고 5분 정도 뜸 들인다.

◑ 감 가루는 손으로 만지면 손의 온도가 따뜻해서 감가루가 뭉치므로 주걱
   으로 섞어 준다.

향긋한 당귀의 향
승검초편

승검초는 참당귀의 잎과 뿌리를 건조시킨 약재입니다. 인삼은 기를 보하고 당귀는 혈을 보한다고 하지요. 특히 생리통과 빈혈에 약효가 좋아 여성을 위한 산삼이라고도 부릅니다. 금산으로 약초 수업을 다닐 때 처음 맛보았던 당귀의 잔향이 아직도 생각납니다. 오래도록 기억되는 여운이 남는 맛이지요. 꿀물을 진하게 타서 승검초 가루와 잣가루를 섞어 편을 찌면 한약재의 독특한 풍미와 은은한 향을 즐길 수 있습니다.

재료　　　　멥쌀 1kg, 소금 11g, 승검초 가루 4T, 강낭콩 200g, 물 3/4컵,
　　　　　　　설탕 110g

만드는 법　　1. 멥쌀을 깨끗이 씻어서 6시간 정도 불린 후 체에 밭쳐서 물기를 제거
　　　　　　　　하고 소금을 넣어 빻는다.
　　　　　　　2. 멥쌀가루에 승검초 가루를 넣어 손으로 비벼서 잘 섞어준다.
　　　　　　　3. 2의 가루에 물을 넣어 잘 섞어준 후 체에 내려준 다음 강낭콩을 섞는다.
　　　　　　　4. 3에 설탕을 섞는다.
　　　　　　　5. 찜기에 젖은 베 보자기를 깔고 멥쌀가루를 넣고 평평하게 한다.
　　　　　　　6. 김 오른 찜통에 25분 찐 다음 5분간 뜸 들인다.

◑　　　　　　승검초는 향이 강하므로 적당량 넣는 게 중요하다.
◑　　　　　　축하떡으로 찔 때는 강낭콩을 안쪽으로 넣으면 겉면이 매끄럽게 보인다.

든든하게 배를 채우는
고구마설기

달콤한 고구마를 배부르게 먹어도 가끔 밥 한 숟가락으로 마무리하고 싶을 때가 있지요. 그래서 고구마를 뚝뚝 썰어 넣고 설기를 만들어보았습니다. 쌀에 부족한 비타민과 영양소를 고구마가 보완해주어 한 조각만 먹어도 한 끼 식사로 든든하지요. 고구마는 껍질째 먹어야 소화도 잘되고 가스도 덜 찬답니다. 열량과 당지수가 낮고 포만감을 주어 다이어트 식품으로 인기가 많은 고구마가 예전에는 서민들의 허기를 달래준 고마운 음식이었지요. 병충해에 강하고 척박한 환경에서도 잘 자라는 생산성을 보고 조선 영조 때 일본 통신사로 갔던 조엄이 기근 해결을 목적으로 들여왔다고 합니다.

재료   멥쌀 1kg, 소금 11g, 물 3/4컵, 설탕 110g, 고구마 400g

만드는 법

1. 멥쌀은 깨끗이 씻어 6시간 정도 불린 후 체에 건져 물기를 빼고 소금을 넣어 빻는다.

2. 고구마는 1cm 크기로 네모나게 썬다.

3. 1의 멥쌀가루에 물을 넣어 손으로 비벼서 섞어준 후 체에 내린다.

4. 3의 재료에 1의 고구마를 넣고, 마지막으로 설탕을 넣어 한 번 더 섞어준다.

5. 찜기에 젖은 베 보자기를 깔고 4의 재료를 넣어 25분간 쪄 준 다음 불을 끄고 5분 뜸 들인다.

◑   찜기에 작은 틀을 여러 개 넣어 찔 때는 빈 공간을 쌀가루나 젖은 행주로 덮어 헛김이 나오지 않도록 한다.

2장

특별한 날에 특별한 떡
명절떡

밝은 새해를 기원하는
가래떡

정월 초하루에 떡국 한 그릇과 함께 나이를 먹는다는 의미가 있는 세찬입니다. 좋은 멥쌀을 골라 희게 가루를 내어 반죽해서 쪄낸 후, 길게 늘여서 가래떡으로 뽑아 장수를 소망하는 마음을 담습니다. 떡국을 끓일 때는 동전 모양으로 썰어 한 해 동안 재복이 넘치기를 기원하였습니다. 예전에는 고두밥을 쪄서 만들었기 때문에 요즘 기계로 만든 가래떡보다 훨씬 쫄깃하고 덜 풀어졌다고 합니다. 흰색은 지난 한 해를 살아내느라 고단하고 흐려진 정신과 마음을 맑게 하여 새로 시작한다는 의미가 있습니다. 물론 흰 떡국 위에는 오색의 고명을 얹어 보는 멋도 놓치지 않았습니다.

재료　　　　　　　멥쌀 1kg, 소금 10g, 물 130g

만드는 법
1. 멥쌀을 깨끗이 씻어 6시간 정도 불린 다음 체에 물기를 빼고 소금을 넣어 빻는다.
2. 멥쌀가루에 물을 넣어서 잘 버무려 30분 정도 찜기에 찐다.
3. 충분히 뜸을 들인 다음 절구나 펀칭기에 쳐준다.
4. 손에 소금물을 묻혀가며 떡 모양을 성형한다.

◐　　　가래떡은 뜸을 많이 들일수록 더 쫄깃거린다.
◐　　　가래떡은 일반 떡보다 소금양을 조금 줄여준다.

조롱박에 복이 가득
조랭이떡

개성이 고향인 친구 어머님은 해마다 설 선물로 조랭이떡을 한 바구니 가득 주시곤 하셨습니다. 개성 지방에서는 다른 지방과는 달리 정월 초하루에 가래떡 대신 조롱박 모양의 조랭이떡으로 떡국을 끓여 차례상에 올렸습니다. 아이들이 설빔에 달고 다니던 조롱박과 닮은 떡의 모양이 액막이를 해준다고 여겼고, 한편으로는 엽전 꾸러미와도 닮아서 재물이 넘쳐나길 기원하였습니다. 또 길흉함을 상징하는 누에고치와도 비슷합니다. 조랭이떡은 가래떡을 길죽하게 만들어 대나무 칼로 가운데를 비틀어 만드는데, 고려 말 이성계에게 목숨을 잃은 충신의 아내들이 이성계의 목을 비튼다는 심정으로 만들었다는 유래도 있습니다.

재료   멥쌀 1kg, 소금 11g, 물 130g

만드는 법
1. 멥쌀을 깨끗이 씻어서 6시간 정도 불린 후 체에 밭쳐서 물기를 제거하고 소금을 넣어 빻는다.
2. 1의 멥쌀에 물을 넣어서 반죽한다.
3. 찜기에 젖은 베 보자기를 깔고 2의 반죽을 얹어서 25분 정도 찐 다음 불을 끄고 5분 정도 뜸을 들인다.
4. 식용유 바른 그릇에 꺼내서 손으로 치대준다.
5. 길죽하게 만들어 나무젓가락으로 잘라서 가운데를 돌리며 눈사람 모양으로 잘록하게 만든다.

◑   떡국용 떡은 반드시 뜸을 들여 주어야 합니다.

보은이 담긴
약식

귀한 견과류를 듬뿍 넣고 꿀과 간장, 대추고를 버무려 쪄내는 약식은 정월 보름 절식 중에서도 으뜸
이지요. 약식의 기품 있는 색은 오랜 시간 동안 푹 고은 대추고로 냅니다. 신라 소지왕이 정월 보름에
천천정으로 행차를 나갔는데, 까마귀가 날아와서 역모를 꾀하는 신하들이 있음을 알려주어서 큰 위
기를 피할 수 있었다고 합니다. 이때부터 까마귀에게 보은의 의미로 정월 보름을 오기일烏忌日로 정
하고, 검은 찰밥을 지어 제사를 지냈다는 것이 삼국유사에 기록된 약식의 유래입니다.

재료 찹쌀 800g, 밤 15개, 대추 20개, 잣 7T, 물 1/2컵,

양념 ● 참기름 3T, 꿀 3T, 간장 1T, 계핏가루 1/2T, 소금 1T,

황설탕 1~1과 1/2컵, 대추고 3/4컵

만드는 법 1. 밤은 껍질을 까서 8등분 정도로 썰어준다.

2. 대추는 깨끗이 씻어 씨를 빼고 6등분 정도로 썰어준다.

3. 잣은 고깔을 떼어서 마른행주로 닦아준다.

4. 찹쌀은 5시간 이상 불린 뒤 체에 밭쳐 물기를 빼고 찜기에서 20분간
찐다.

5. 익은 찹쌀에 물 1/2컵을 골고루 뿌려 잘 섞어준 다음 15~20분 정도
다시 쪄준다.

6. 밥알이 뜨거울 때 대추고를 넣어 잘 섞어준다.

7. 6의 밥에 밤, 대추, 잣을 넣어 잘 섞은 다음 양념도 고루 섞어준다.

8. 찜기에 담아 40분 이상 찌고 불을 끄고 5분 뜸 들인다.

9. 참기름 바른 그릇에 담아낸다.

● 대추고 만드는 법
1. 대추를 깨끗이 씻어 물을 충분히 부어 불에 올린다.
2. 약불에서 푹 고아 체에 내린 다음 은근한 불에서 죽이 될 때까지 조려준다.

넉넉한 마음으로 만든
노비송편

한 개만 먹어도 한 끼 식사가 될 정도로 큼직한 노비송편은 아랫사람을 향한 주인의 넉넉한 마음씀씀이를 알게 해주는 떡입니다. 농사가 시작되는 시기인 음력 2월 초하루를 '중화절' 또는 '노비일'이라 하여 '농사일을 잘해달라'는 부탁의 의미로 큼지막한 송편을 빚어 노비들에게 나이만큼 나누어 주었다고 합니다. 노비송편에는 팥이나 콩 혹은 시래기나물을 소로 넣고 손바닥만 하게 크게 빚어 쪄냅니다. 겨우내 허기졌던 배를 채우고 기운을 내어 농사를 잘 지어서 풍작을 보기를 바라는 기원을 담은 떡이랍니다.

재료
멥쌀가루 600g, 소금 7g, 끓는 물 10~12T, 설탕 50g,
시래기나물 250g

만드는 법
1. 멥쌀가루에 끓는 물을 넣어 익반죽한다.
2. 시래기나물은 푹 삶아서 껍질 벗기고 물기 없이 꼭 짠다.
3. 시래기나물을 잘게 썰어서 된장, 마늘, 간장, 참기름, 파를 양념하여 무친다.
4. 반죽을 크게 떼어 둥글게 빚어 가운데를 깊게 파서 소를 넣고 잘 오므려서 모양을 낸다.
5. 찜기에 젖은 보자기를 깔고 만든 송편을 서로 닿지 않게 놓는다.
6. 김이 오른 찜통에 얹어 20분 정도 찐 다음 5분간 뜸 들인다.
7. 쪄진 송편에 참기름을 바른다.

◑ 콩이나 팥으로 소를 넣기도 한다.

천년송의 향 내음
추석송편

요즘은 오색송편 꽃송편 구분 없이 예쁘고 다양한 송편을 먹지만 원래 추석에 먹는 송편은 흰색과 초록색 두 가지 색만 썼다고 합니다. 제철 보다 일찍 여문 올벼로 만들었다 해서 추석 송편을 오려송편이라고도 부릅니다.

녹색은 새봄과 어린아이를, 흰색은 가을과 어른을 뜻하는데요, 전 세대가 둘러앉아 더이상 바랄 것이 없는 한가위에 풍성한 마음으로 빚는 떡이지요.

솔잎을 사이사이에 두고 쪄낸 송편에서는 숲 냄새가 나요. 추석이 지나면 솔잎에서도 송진이 너무 나와 떡을 찌기에 좋지 않다고 합니다.

흰 송편 재료	멥쌀 500g, 소금 6g, 끓는 물 8~10T
	흰 송편 소 • 두텁 고물 1컵, 꿀 약간
초록 송편 재료	멥쌀 500g, 쑥 100g, 끓는 물 8~10T, 설탕 2T
	초록 송편 소 • 깨 1컵, 꿀 약간

만드는 법

1. 멥쌀 1kg을 6시간 정도 충분히 불려서 체에 건져 물기를 빼고 소금을 넣어 빻는다. 이것을 반으로 나누어 반은 흰색으로 반은 쑥을 넣어 빻는다.
2. 각각의 물에 설탕을 넣어 끓인다.
3. 한 김 나간 뜨거운 물로 익반죽한다. 이때 손으로 많이 치댄다.
4. 반죽을 귓볼 정도로 부드럽게 한다.
5. 반죽을 떼어 소를 넣어 반달 모양으로 예쁘게 빚는다.
6. 김 오른 찜기에 넣어 20분 정도 찐 후 불을 끄고 5분 뜸 들인다.
7. 꺼내서 참기름을 발라준다.

◑ 송편 반죽은 손으로 많이 치대면 쫄깃쫄깃하다.

새색시 볼같이 발그레한
복숭아송편

딸기 물을 살짝 들여서 새색시 볼같이 발그레하게 잘 익은 복숭아송편을 만들었습니다. 거피 팥소를 함께 넣어 복숭아의 수분을 잡아주고 맛을 더해줍니다. 복숭아송편의 소는 제철에는 복숭아를 넣고 겨울철에는 복숭아 통조림으로 넣습니다. 복숭아는 예로부터 중국인들이 백 년을 살 수 있는 선약이라 여겼을 정도로 불로장생을 상징하는 과일입니다. 손오공은 백 년에 한 번씩 열리는 천도복숭아를 훔쳐 먹고 괴력을 얻었고 한나라 동방삭 역시 서왕모가 한무제에게 가져가는 복숭아 세 개를 훔쳐 먹고 3천 년을 살았다고 하지요. 복숭아는 피로를 풀어주고, 폐의 기운을 크게 해주며, 대장을 부드럽게 해줍니다. 피를 잘 돌게 하고, 면역력도 높이며 껍질에는 해독 효과도 들어 있다고 하니, 복숭아를 먹으면 무병장수할 수 밖에 없겠지요.

재료
맵쌀가루 500g, 소금 12g, 설탕물(물6:설탕1) 1컵, 딸기 가루 약간,
보리순 가루(말차 가루) 약간, 코코아 가루 약간, 두텁 고물 약간, 꿀 약간,
잣 약간

만드는 법

1. 맵쌀가루에 뜨거운 물로 익반죽한다.
2. 반죽을 조금씩 떼어 딸기 가루, 보리순 가루, 코코아 가루로 색을 낸다.
3. 두텁 고물에 꿀과 잣을 넣어 뭉쳐 놓는다.
4. 송편 반죽을 떼어 홈을 판 다음 딸기 가루로 물들인 분홍색을 조금 떼어 안에 붙여준다.
5. 소를 넣고 오므려준 다음 둥글게 만들어 겉에 분홍색을 조금 붙여준다.
6. 손으로 둥글리면서 쥐여준다.
7. 반죽 윗부분에 칼집을 내어 코코아 가루로 색을 낸 꼭지를 붙인다.
8. 보리순 가루로 색을 낸 반죽으로 잎을 만들어 붙인다.
9. 김 오른 찜기에 송편 얹어서 20분 정도 찐 다음 5분 뜸 들인다.
10. 참기름과 식용유를 섞어서 발라준다.

◑ 송편은 속을 넣고 반드시 손으로 주물러서 공기를 빼주어야 한다.

가을의 향기 구절초
꽃송편

국화 중에서도 늦가을에 빼어난 자태를 자랑하는 구절초로 수놓은 송편을 만들었습니다. 가을 산기 슭에 무리를 지어 피는 구절초는 마음을 차분하게 가라앉히는 매력을 지닌 가을꽃입니다. 구절초는 꽃도 아름답지만 예로부터 민간에서 그 줄기와 잎을 고아 약으로 먹었습니다. 특히 여자들에게 꼭 필요한 효능이 많아서, 어머니가 딸에게 꼭 챙겨주곤 했다고 합니다. 꽃말이 '어머니의 사랑'인 구절 초 꽃송편을 빚으면서 오랜만에 어머니를 떠올렸습니다.

재료 멥쌀가루 500g, 소금 6g, 설탕물(물6:설탕1) 1컵, 체리 가루 약간

소 ● 두텁 고물 1과 1/2컵, 꿀, 대추 다진 것 3T

만드는 법
1. 멥쌀가루에 끓는 물을 넣어 익반죽한다.
2. 1의 반죽을 100g 정도 흰 색으로 두고 나머지 400g을 체리 가루로 물들인다.
3. 1의 반죽을 떼어 둥글게 만든 다음 엄지손가락으로 가운데를 눌러서 홈을 판 후에 소를 넣어 오므려준다.
4. 오므린 반죽을 다시 손으로 쥐면서 공기를 빼준 후 둥글게 만든다.
5. 흰색 반죽을 밀대로 밀어 모양 틀로 찍어서 4의 떡 위에 얹어준다.
6. 하나 더 찍어서 5의 떡 위에 얹어준다.
7. 찜기에 젖은 베 보자기를 깔고 만들어 놓은 송편을 얹어서 김 오른 찜 통에 20분 정도 쪄준 후 5분 뜸 들인다.
8. 참기름을 발라준다.

◖ 너무 오래 찌면 겉면이 울퉁불퉁해지므로 주의해야 한다.

올망졸망 사랑스러운
입술송편

우리 조상들은 왜 송편을 반달 모양으로 빚었을까요? 백제 의자왕 때 거북이 한 마리가 궁궐 땅속에서 올라왔는데, 거북의 등에 백제는 만월이요 신라는 반월이라 쓰여 있었습니다. 백제는 이미 가득 차서 점점 기울 것이며 신라는 반달이니 점점 차오를 것이라는 뜻이었다고 합니다. 그 이후로 송편은 반달 모양으로 빚었다는 이야기가 삼국사기에 전해집니다. 이렇게 반달 송편에는 앞으로 더 나은 미래가 차오르기를 바라는 우리 조상들의 희망이 담겨 있습니다.

재료
멥쌀가루 500g, 소금 6g, 설탕물(물6:설탕1) 1컵, 자색고구마 가루 약간,
단호박 가루 약간, 쑥 가루 약간
소 ● 흰 깨 100g, 설탕 50g, 꿀 약간

만드는 법
1. 멥쌀가루를 끓인 물로 익반죽한다.
2. 1의 반죽을 조금씩 떼어서 자색고구마 가루, 단호박 가루, 쑥 가루로 각각 반죽한다.
3. 1의 반죽을 떼어 둥글게 만든 다음 엄지손가락으로 가운데를 눌러서 홈을 판 후에 소를 넣어 오므려준다.
4. 오므린 반죽을 다시 손으로 쥐여주면서 공기를 뺀 다음 반달 모양으로 만들어준다.
5. 반달 모양의 송편 위에 보라색을 둥글게 5개 만들어 꽃 모양으로 붙여주고 가운데 노란색을 붙인다. 양옆에 쑥 색으로 이파리 모양으로 만들어 붙여준 다음 가운데를 눌러준다.
6. 찜기에 젖은 베 보자기를 깔고 만들어 놓은 송편을 얹어서 김 오른 찜통에 20분 정도 쪄준 후 5분 뜸 들인다.
7. 참기름과 식용유를 섞어서 발라준다.

● 소 만들기
흰깨는 볶아서 절구에 절반 정도 부서지게 빻는다. 설탕과 꿀을 넣어 뭉쳐 놓는다.

깨는 씻어서 바로 건져서 볶아준다. 깨가 마른 후에 볶으면 쉽게 타버린다.

매화꽃 향기 물씬 풍기는
매실송편

설탕에 푹 절인 매실청 건지를 다져서 깨소 또는 거피 팥소와 함께 속을 넣어 매실 송편을 빚었습니다. 새콤달콤한 매실소가 씹히는 맛이 매우 특별한 송편입니다. 매실은 청매, 황매, 금매, 오매, 백매 등 계절과 만드는 법에 따라 여러 가지의 이름을 갖고 있지만, 이름마다 제 몫을 톡톡히 해내는 요긴한 재료입니다. 6월이 제철인 청매는 과육이 단단하고 신맛이 가장 강합니다. 노랗게 익은 황매는 향기는 좋지만 과육이 무르고, 청매를 쪄서 만든 금매는 술을 담그면 빛깔도 좋고 맛도 뛰어납니다. 청매 껍질을 벗겨 연기에 그을려 만든 오매는 빛깔이 까마귀처럼 검어서 붙은 이름입니다.

재료 멥쌀가루 500g, 소금 6g, 설탕물(물6:설탕1) 1컵, 보리순 가루 약간,
쑥 가루 약간
소 ● 흰 고물 1과 1/2컵, 꿀 약간, 매실 절임 다진 것 약간

만드는 법

1. 멥쌀가루에 보리순 가루를 넣어 익반죽한다.

2. 1의 반죽을 조금 떼어 쑥 가루를 넣어 조금 더 진한 녹색으로 만든다.

3. 1의 반죽을 떼어 둥글게 만든 다음 엄지손가락으로 가운데를 눌러서 홈을 판 후에 소를 넣어 오므려준다.

4. 오므린 반죽을 다시 손으로 쥐여주면서 공기를 뺀 다음 둥글게 만든다.

5. 4의 둥근 모양의 송편을 가운데 선을 그어준 후 끝을 손으로 잡아준 후 쑥으로 잎 모양을 만들어 붙이고 이쑤시개로 살짝 눌러준다.

6. 찜기에 젖은 베 보자기를 깔고 만들어 놓은 송편을 얹어서 김 오른 찜통에 20분 정도 쪄준 후 5분 뜸 들인다.

7. 참기름을 발라준다.

● 소 만들기
흰 고물, 소금, 꿀과 다진 매실 절임을 뭉쳐 놓는다.

◑ 매실 절임은 취향에 따라 가감하면 된다.

바닷가의 추억
조개송편

평안도 해안 지방에서는 조개가 많이 잡히기를 바라는 마음으로 조개 모양의 송편을 빚곤 했습니다. 송편 하나에도 정성을 다해서 소망하는 마음을 담았던 우리 조상들의 삶이 느껴지는 떡입니다. 흰쌀 반죽과 흑임자 반죽으로 흰색과 검은색을 조화롭게 만져서 멋을 내어 보았습니다. 고소한 깨로 소를 넣었는데 반은 흑임자로 맛을 내었지요. 소가 달면 송편 반죽도 달콤하게 해야 떡을 찔 때 터지지 않습니다. 평안도 떡으로는 거피 팥고물을 인절미 밖으로 듬뿍 묻힌 평양 인절미와 귀한 오곡 가루를 엿기름에 삭혀 부드러운 노티 떡도 있지요.

재료　　　　멥쌀가루 500g, 소금 6g, 설탕물(물6:설탕1) 1컵, 흑임자 가루 80g

　　　　　　소 ● 깨 100g, 황설탕 100g, 꿀 약간, 콩고물 50g

만드는 법　　1. 멥쌀가루에 끓인 물로 익반죽한다.

　　　　　　2. 1의 반죽 100g 정도를 떼어 흑임자 가루를 넣어 익반죽한다.

　　　　　　3. 1의 반죽을 떼어서 2의 반죽을 조금 붙여서 둥글게 만든 다음 엄지손가락으로 홈을 파서 소를 넣어 오므려준다.

　　　　　　4. 다시 손으로 쥐어주면서 공기를 뺀 다음 둥근 모양으로 만들어준다.

　　　　　　5. 4의 송편에 칼등 위로 선을 그어 조개 모양으로 만든다.

　　　　　　6. 찜기에 젖은 베 보자기를 깔고 만들어 놓은 송편을 얹어서 김 오른 찜통에 20분 정도 쪄준 후 5분 뜸 들인다.

　　　　　　7. 참기름을 발라준다.

● 소 만들기
분량의 재료를 섞어 뭉쳐둔다.

◑　　　　송편을 쪄서 뜸을 들인 후 찬물을 한 번 뿌려주면 겉이 매끄럽고 예쁘다.

황금빛으로 물든
단호박송편

신데렐라의 호박 마차가 떠오르는 단호박 송편을 빚어보았습니다. 노랗게 호박 모양으로 빚은 뒤 초록색 꼭지를 콕 박은 앙증맞은 모습이 보기만 해도 웃음이 나는 송편입니다. 단호박은 당도가 높고 밤 맛이 난다 하여 밤호박이라고도 하는데, 열량은 낮은 반면 영양가는 풍부하지요. 비타민이나 무기질 등 호박에 들어 있는 영양소들은 나쁜 지방을 잘 분해시켜주고 피를 맑게 해줍니다. 수분이 많고 섬유질도 풍부해서 속도 잘 다스려주지요. 단호박 송편은 단호박의 영양을 듬뿍 담은 떡입니다.

재료 멥쌀가루 500g, 소금 6g, 단호박 1/2개, 물 약간, 쑥 가루 약간

소 ● 서리태 350g, 소금 약간

만드는 법

1. 멥쌀가루에 단호박 찐 것을 넣어 익반죽한다. 이때 단호박은 뜨거운 상태로 넣어준다. 물이 부족하면 뜨거운 물을 첨가하면서 반죽한다.

2. 1의 반죽을 50g 떼어 쑥 가루를 넣어 반죽한다.

3. 1의 반죽을 떼어 콩을 2~3알 정도 넣은 다음 오므려준다.

4. 다시 손으로 쥐여주면서 공기를 뺀 다음 둥글게 만들어준다.

5. 둥근 모양 위에 칼등으로 선을 그어준 후 쑥색의 반죽을 둥글게 해서 위에 얹어준다.

6. 찜기에 젖은 베 보자기를 깔고 만들어 놓은 송편을 얹어서 김 오른 찜통에 20분 정도 쪄준 후 5분 뜸 들인다.

7. 참기름을 발라준다.

● **소 만들기**
서리태를 충분히 불린 후 10~15분 정도 삶아준 다음 소금을 넣는다.

◑ 송편은 익으면 팽창하므로 옆에 공간을 두고 찐다.

감꽃이 활짝 웃는
감송편

곶감을 다져서 거피 팥소와 함께 속을 넣고, 당근즙으로 물들인 익반죽으로 감 모양 송편을 빚었습니다. 예쁜 초록색 꼭지를 얹어 완성하면 접시 위에서 가을이 익어가요. 감은 설탕이 없던 시절에 요긴한 감미료였습니다. 궁궐에 바치는 진상품으로 곶감의 하얀 가루를 모아 감미료로 썼다는 기록도 있습니다. 여러모로 쓰임새가 많을 때 '버릴 것이 하나도 없다'라고 하는데, 감나무가 그렇습니다. 우리 조상들은 오래 살고, 좋은 그늘을 만들며, 새가 집을 짓지 않고, 벌레가 꼬이지 않고, 단풍이 아름답고, 열매가 맛이 좋고, 낙엽이 거름이 된다는 것을 감나무의 일곱 가지 덕으로 꼽을 정도로 감나무를 아꼈습니다.

재료 멥쌀가루 500g, 소금 6g, 당근즙 1컵, 설탕물(물6:설탕) 1컵, 쑥 가루 약간 소 ● 두텁 고물 1과 1/2컵, 꿀 약간, 곶감 3개

만드는 법
1. 멥쌀가루의 10g을 쑥 가루를 넣어 반죽한다. 나머지는 당근즙을 넣어 익반죽한다.
2. 1의 반죽을 떼어 둥글게 만든 다음 엄지손가락으로 홈을 판 후에 소를 넣어 아물어준다.
3. 다시 손으로 쥐어주면서 공기를 빼준 후에 둥글게 만들어준다.
4. 쑥 반죽을 밀대로 밀어서 모양 틀로 잎 모양을 찍어서 둥근 송편 위에 붙여준다.
5. 찜기에 젖은 베 보자기를 깔고 만들어 놓은 송편을 얹어서 김 오른 찜통에 20분 정도 쪄준 후 5분 뜸 들인다.
6. 참기름과 식용유를 섞어서 발라준다.

● 소 만들기
곶감을 잘게 다져서 두텁 고물과 꿀을 넣어 잘 섞어둔다.

◑ 주황색은 붉은색 파프리카를 갈아서 넣어도 예쁜 감색이 나온다.

깎아놓은 밤톨 같은
밤송편

복스럽고 단정하고 속이 꽉 차 보이는 아기를 보면, '고놈 참 잘 깎아놓은 밤톨 같다'고 하지요. 달콤하게 간을 한 밤소를 듬뿍 넣고 만든 밤송편은 깎아놓은 밤톨을 닮아 모양도 맛도 예쁜 떡입니다. 밤은 밤가시를 열어야 먹을 수 있기 때문에 밤가시는 부모가 자식을 보호한다는 의미로 해석하곤 했습니다. 세 알 들어 있는 밤은 삼정승을 뜻하고 폐백에 들어가는 밤은 반드시 속에 마주 보는 두 알이 든 밤만 썼다고 합니다. 또한 밤나무는 일단 자리를 잡으면 뿌리를 깊이 내리고, 오히려 옮겨 심으면 죽는다 하여 일부종사와 절개를 의미하기도 하였습니다. 뿌리를 내리면 열매를 맺을 때까지 썩지 않는다 하여 뿌리 깊은 가문을 뜻하기도 하였고요. 옛 말에 밤 세 톨만 먹으면 보약이 따로 없다고 할 정도로 5대 영양소가 골고루 든 밤은 기와 체력을 보강해주며 면역력을 높이고 노화를 늦춰줍니다.

재료   멥쌀가루 500g, 소금 6g, 설탕물(물6:설탕1) 1컵, 코코아 가루 약간,
밤 20개, 꿀 약간, 계핏가루 약간

만드는 법
1. 멥쌀가루는 코코아 가루를 넣어서 끓는 물로 익반죽한다.
2. 1의 반죽을 50g 정도 떼어 코코아 가루를 조금 더 넣는다.
3. 1의 반죽을 떼어 둥글게 만든 다음 엄지손가락으로 홈을 판 후에 소를 넣어 오므려준다.
4. 다시 손으로 쥐어주면서 공기를 뺀 후 밤의 모양으로 만든다.
5. 밤 모양의 밑부분에 2의 반죽을 조금 떼어 납작하게 붙여준 후에 이쑤시개로 꾹꾹 눌러준다.
6. 찜기에 젖은 베 보자기를 깔고 만들어 놓은 송편을 얹어서 김 오른 찜통에 20분 정도 쪄준 후 5분 뜸 들인다.
7. 참기름을 발라준다.

● **소 만들기**
밤은 삶아서 속을 파낸 다음 꿀과 계핏가루를 넣어서 뭉쳐 놓는다.

◐ 모든 송편은 빚을 때 반죽을 꼭 젖은 베 보자기나 비닐로 덮어 두면서 만들어야 마르지 않는다.

조상과 하늘에 감사하는
팥시루떡

음력 10월은 상달이라 하여 일 년 농사를 마치고 하늘과 조상에 감사드리는 달로 열두 달 가운데 가장 풍성하고 으뜸으로 치는 달입니다. 상달에는 팥시루떡을 나누어 먹으며 긴긴 겨울의 액운을 막고 복을 비는 고사를 지냈습니다. 고슬고슬한 팥알이 탁탁 터지는 맛으로 먹는 붉은팥 시루떡은 시월 상달 고사 이외에도 함 받을 때나 이사할 때 등 우리 조상들이 감사와 복을 기원할 때 가장 즐겨 했던 떡입니다. 붉은팥 고물은 잡귀가 붉은색을 무서워하기 때문에 액을 피할 수 있다는 뜻이 담겨 있지요. 잔치나 제사 때에는 붉은팥 고물 대신 흰팥이나 녹두 등의 고물을 쓰기도 합니다.

재료   찹쌀가루 1kg, 소금 11g, 설탕 110g, 팥고물 5~6컵

만드는 법
1. 찹쌀을 5시간 이상 불려서 체에 밭쳐 물기를 뺀 후 소금을 넣어 굵게 빻는다.
2. 찜기에 젖은 베 보자기를 깔고 팥을 고르게 한 켜 놓고 1의 쌀가루를 안친 다음 팥고물을 넣어 고르게 평평하게 해준다. 남은 설탕을 뿌린다.
3. 김이 오른 찜기에 25분 정도 찐 다음 5분간 뜸 들인다.
4. 알맞은 크기로 썰어 예쁘게 담아낸다.

◐ 팥시루떡 위에 설탕을 살짝 뿌려주면 색이 더 붉어지고 단맛을 좋아하는 경우에는 더욱 맛있게 즐길 수 있다.

깊은 겨울밤 잡귀를 물리치는 새알심
팥죽

일 년 중 밤이 가장 길고 깊은 동짓날은 귀신이 가장 활발하게 활동하는 날이라 여겼습니다. 그래서 귀신을 이겨내기 위해 팥죽을 쑤어 사당에 올리고 마루, 방, 헛간, 장독대, 우물 등에 한 그릇씩 놓고 대문과 벽에도 뿌려 잡귀를 쫓고 난 후에 사람이 먹었던 풍습이 있습니다. 동지 다음 날부터는 해가 다시 길어지기 때문에 태양의 새로운 시작을 의미하여 명절 버금간다는 뜻으로 아세, 즉 작은 명절로 불렀습니다. 동짓날에는 팥죽에 자기의 나이만큼 찹쌀로 새알 경단을 넣어 먹어야 진정으로 나이를 한 살 더 먹는다고 생각했지요.

재료　　　　　팥 3컵, 소금 약간

새알심 반죽 재료 ● 찹쌀 500g, 소금 6g, 뜨거운 물 약간

만드는 법

1. 팥을 깨끗이 씻어서 팥 양의 3배의 물을 붓고 끓인다. 한 번 끓이면 물을 쏟아버리고 한 번 더 반복한다.

2. 세 번째로 다시 물을 부어 아주 푹 무르게 삶아준다.

3. 삶은 팥을 체에 걸러 껍질을 버리고 앙금을 끓인다. 농도가 진하면 물을 부어서 적당한 농도로 맞춘다.

4. 다른 냄비에 물이 팔팔 끓으면 새알심을 넣어 끓인다. 새알이 떠오르면 그대로 2~3분 정도 둔다. 건져서 찬물에 헹구어 팥죽 속에 넣는다.

5. 소금 간하여 그릇에 예쁘게 담는다.

● 새알심은 찹쌀가루에 소금을 넣고 빻은 다음 뜨거운 물로 익반죽하여 둥글게 만든다.

● 찹쌀 새알심은 자칫 반죽이 질어질 수 있으므로 가루를 남겨 두고 반죽을 시작한다.

● 팥앙금은 잘 늘어붙으므로 밑을 잘 저어 주어야 한다. 취향에 따라 설탕을 넣기도 한다.

● 새알심을 만들어서 멥쌀가루에 굴려서 팥죽에 넣으면 퍼지지 않고 새알 모양을 갖추고 있어 보기에 좋다.

3장

삶의 첫걸음과 돌아감
의례와 제례떡

백일에 백 사람이 나누어 먹던
수수팥경단

백일 떡은 백 사람 이상이 먹어야 좋다고 하여 백설기와 수수팥경단을 넉넉히 만들고 되도록 많은 사람이 나누어 먹었다고 합니다. 떡을 받은 사람들도 빈 그릇에 무명실이나 쌀을 담아 보내며 아기의 무병장수를 기원하였지요. 수수팥경단은 찰수수 가루로 익반죽하여 경단을 빚어 삶아낸 뒤 찬물에 식혀 고물을 묻힌 떡입니다. 특히 백일상에 오르는 수수경단은 팥고물을 묻히는데, 팥의 붉은 색이 악귀를 물리쳐 아기가 액을 면하도록 한다는 의미를 담고 있습니다. 또한 아이가 넘어지지 말고 건강하게 자라라고 돌상부터 열 살이 될 때까지 생일상에 빠지지 않고 올렸습니다. 이렇게 백일상부터 돌상, 생일상에 꼭 올리는 수수팥떡경단을 수수로 만드는 이유는 자손이 키가 큰 수수처럼 사람들이 우러러보는 지도자가 되기를 바라는 마음 때문입니다. 또 수수의 알맹이가 많아 후손을 많이 보라는 뜻도 있습니다.

재료	찰수수 가루 3컵, 찹쌀가루 1컵, 소금 6g, 설탕 1/2컵, 팥고물 3컵

재료

1. 찰수수는 하루 정도 물에 담가 충분히 불린 다음 깨끗이 씻는다.
2. 불린 수수에 소금을 넣어 빻는다.
3. 찹쌀을 충분히 불린 후 물기를 뺀 후 소금을 넣고 빻는다.
4. 수수 가루와 찹쌀가루를 섞는다.
5. 끓는 물에 4를 익반죽한다.
6. 반죽을 15g씩 떼어 동그란 모양으로 만든다.
7. 끓는 물에 넣어 떠오르면 2~3분 정도 그대로 두었다가 건진다.
8. 건진 수수를 찬물에 담갔다 건진다.
9. 식은 떡을 체에 건져서 밑에 마른행주를 대고 물기를 뺀다.
10. 팥고물을 묻혀낸다.

◗ 수수는 물에 담가 불리면서 여러 번 물을 갈아주어야 떫은 맛이 줄어든다.

아기의 첫 맞이떡
백설기

'흰 눈과 같다'는 의미의 백설기는 순진무구하고 신성한 의미가 있어서 아기의 삼칠일과 백일, 첫 돌 등의 의례 행사에 반드시 올라갔고, 사찰에서 제를 올릴 때나 산신제, 용왕제 등 토속의례에도 쓰였 습니다. 태어난 지 삼칠일이 되면 산모와 아기를 보호하던 금줄을 거두고 새 생명의 탄생을 축하하 는데 눈처럼 순백으로 티 없이 자라라는 의미로 백설기를 해주었지요. 시루에서 쪄낸 백설기는 칼을 사용하지 않고 주걱으로 떼어 나누는데, 작은 부분에서도 세심하게 아기를 위해 삼가는 마음을 표현 했다고 합니다. 마찬가지로 이날 함께 내놓는 푸른 나물들도 자르지 않고 긴 채로 내어놓았다고 합 니다.

재료   멥쌀가루 1kg, 소금 11g, 물 120g, 설탕 110g

만드는 법

1. 멥쌀은 깨끗이 씻어 6시간 불려서 물기를 빼고 소금을 넣어 빻는다.
2. 1의 가루에 물을 넣어 손으로 잘 비벼서 잘 섞어준 다음 체에 내린다.
3. 2의 가루에 설탕을 넣어 고루 섞는다.
4. 찜기에 젖은 베 보자기 깔고 3의 가루를 넣어 평평하게 만든다.
5. 김이 오른 찜기에 25분 정도 찐 후 5분 정도 뜸 들인다.

◑ 설기 떡을 찔 때는 처음으로 약 불에서 서서히 김을 올려야 갈라지지 않는다.
◑ 어느 정도 익은 후에 센 불로 찐다.

경사스러운 날 기쁨을 나누는 떡
경단

경단은 쌀가루를 익반죽하여 밤톨만큼씩 둥글게 빚어 끓는 물에 삶아 여러 가지 고물을 묻혀 만든 떡으로, 먹을 때 숟가락으로 떠서 먹습니다. 주로 콩가루, 청태 가루, 깨로 삼색 고물을 하는데 고운 밤채와 대추채를 쓰면 얌전하고 품위가 있습니다. 경단은 평소에도 먹지만 특히 경사스러운 날에 먹는 떡이라 하여 경단이라는 이름이 붙었습니다. 경단을 집청꿀에 넣었다가 고물을 입히는 과정을 일곱 번 반복해야 색이 좋고 가장 좋은 맛이 난다고 합니다. 공이 많이 드는 만큼 깊은 맛이 있고 쉬이 굳지 않습니다. 지역의 특색을 살린 경단으로는 거피한 팥을 삶아 만든 앙금을 볕에 말려 시루에 찌고 다시 말리는 일을 세 번 거듭하여 곱게 체에 내려 만든 경아 가루를 묻혀 꿀물에 집청하여 만든 개성물경단이 유명합니다.

재료 찹쌀가루 400g, 소금 5g, 설탕 50g, 전분 가루 적당량,
        볶은 콩가루 150g, 푸른 콩가루 150g, 흑임자 가루 150g

만드는 법
1. 찹쌀은 깨끗이 씻어서 5시간 정도 불린 다음 체에 건져 물기를 빼고 소금 간 하여 빻는다.
2. 1의 찹쌀가루에 끓는 물을 넣어 익반죽한다.
3. 조금씩 떼어 둥글게 만든 다음 전분 가루를 묻힌다.
4. 끓는 물에 넣은 다음 국자로 저어서 붙지 않게 한다.
5. 경단이 떠오르면 2~3분 정도 두었다가 건진다.
6. 건져서 찬물에 담갔다가 체에 건져서 물기를 턴 후에 마른행주에 대고 두들겨 물기를 빼준다.
7. 고물을 묻혀준다.

◑ 찹쌀 반죽을 할 때는 여분의 찹쌀가루를 조금 남겨두고 반죽을 해야 한다. 자칫하면 반죽이 질어진다.
◑ 경단을 끓일 때 많은 물의 양으로 끓여야 모양이 더 예쁘게 익는다.

조화로운 삶을 소망하는
무지개떡

돌잔치 이전에는 아기에게 흰옷만 입히지만 돌이 되면, 색동저고리로 갈아 입히고 돌상을 차려 축하합니다. 백설기, 수수팥경단, 송편과 함께 돌상에 오르는 무지개떡은 천연 재료로 쌀가루를 곱게 물들여 떡 한 조각에 오방색을 모두 담아놓지요. 오방색은 음양의 기운이 하늘과 땅을 이루고 하늘과 땅이 자연을 생성한다는 의미를 가집니다. 흙을 뜻하는 황색은 중앙을 나타내고, 만물의 근원을 뜻합니다. 동쪽을 의미하는 청색은 나무를 상징하는데 만물이 새로 태어나는 봄을 뜻하지요. 백의민족의 상징인 흰색은 서쪽 방향이고, 쇠를 뜻합니다. 남쪽을 뜻하는 적색은 불을 뜻하며 생성과 창조, 사랑을 의미합니다. 검은색은 북쪽과 물을 뜻하는데 차가운 이성과 지혜로움을 상징한다고 합니다. 이렇게 오방색을 가진 무지개떡은 아기가 천지 만물과 조화를 잘 이루어 살아가기를 바라고 무지개처럼 밝고 아름다운 앞날을 누리기를 바라는 간절함이 켜켜이 담긴 떡입니다.

재료 멥쌀가루 1kg, 소금 11g, 설탕 110g, 물 3/4컵, 흑임자 가루 약간,
코코아 가루 약간, 자색고구마 가루 약간, 단호박 가루 약간

만드는 법
1. 멥쌀을 깨끗이 씻어서 5시간 정도 불린 후 체에 건져 물기를 빼고 소금을 넣어 빻는다.
2. 1의 멥쌀가루를 체에 내린다.
3. 2의 멥쌀가루를 5등분 한 뒤 흑임자 가루, 자색고구마 가루, 단호박 가루, 코코아 가루를 각각 체에 내린다. 나머지 흰색도 체에 내려준다.
4. 찜기에 젖은 베 보자기를 깔고 3의 색을 낸 가루를 한 가지씩 차례로 넣고 평평하게 해주어 칼로 원하는 크기로 선을 그어준다.
5. 4위에 고명을 얹어준다.
6. 김이 오른 찜통에 25분 정도 찐 후 5분 뜸 들인다.

◑ 천연 가루로 색을 낼 때는 물들인 색깔보다 찌게 되면 색이 더 진하게 나온다. 단 붉은 계열 색은 보편적으로 탈색되어 연하다.

아기의 꿈
오색송편

아기가 백일을 무사히 넘긴 것을 기뻐하며 차리는 백일상에 오르는 오색송편은 추석 때 만드는 송편
과 달리 다섯 가지 색을 물들여 작고 예쁘게 만듭니다. 오미자로 붉은색, 치자로 노란색을 내고, 쑥으
로는 녹색, 송기에서는 검붉은색을 얻습니다. 다섯 가지 색은 아기가 만물과 조화를 잘 이루며 살아
가기를 바라는 소망을 나타내기도 하고, 아기가 품어 갈 꿈을 상징하기도 합니다. 백일상에는 오색송
편과 함께 백설기와 붉은 수수팥떡도 올리는데, 백설기는 순수함과 오래 살기를 바라는 마음을, 붉은
수수팥떡은 귀신을 물리치고 건강하게 자라라는 기원을 담고 있습니다.

재료

흰색 : 멥쌀가루 500g, 소금 6g, 끓는 물 8T+설탕 2T

녹색 : 멥쌀가루 500g, 소금 6g, 쑥 50g, 끓는 물 8T+설탕 2T

분홍색 : 멥쌀가루 500g, 소금 6g, 체리 가루 1/2T, 끓는 물 8T+설탕 2T

갈색 : 멥쌀가루 500g, 소금 6g, 코코아 가루 1T, 끓는 물 8T+설탕 2T

노란색 : 멥쌀가루 500g, 소금 6g, 찐호박 100g, 끓는 물 적당량

소 ● 흰색 송편 : 깨 1컵 + 꿀 적당량

　　녹색 송편 : 깨소금 1컵+꿀 적당량

　　분홍색 송편 : 녹두 고물+꿀 적당량

　　갈색 송편 : 밤 10개 + 꿀 적당량

　　노란색 송편 : 두텁 고물+꿀 적당량

만드는 법

1. 멥쌀을 깨끗이 씻어서 6시간 정도 불린 후 체에 건져 물기를 빼고 소
   금을 넣어 빻는다.

2. 1의 멥쌀가루를 체에 내린다.

3. 물을 물 6 : 설탕 1의 비율로 끓인다.

4. 2의 멥쌀가루에 분량의 재료들을 넣고 끓는 물을 넣어 각각 익반죽
   한다.

5. 4의 반죽을 적당한 크기로 떼어서 소를 넣어 잘 오므려 모양을 낸다.

6. 찜기에 젖은 베 보자기를 깔고 솔잎을 뿌리고 송편을 넣어서 25분 쪄
   준 후 5분 뜸 들인다.

마음을 너르게 비우라는
매화송편

눈으로 먼저 맛을 보는 아름다운 매화송편은 재료는 매우 단순하지만 만드는 데 인내와 정성이 필요합니다. 서당에서 책을 한 권씩 끝낼 때마다 스승님께 감사를 표하고 학동들과 음식을 나누어 먹는 책례 때에 속이 꽉 찬 오색송편과 함께 속이 빈 매화송편을 보냈다고 합니다. 배움으로 속을 꽉 채우고 한편으로는 배울수록 마음을 너르게 비워 바른 인성을 갖추라는 의미라고 합니다. 언 땅 위에서도 꽃을 곱게 피워 향기를 잃지 않았던 매화의 고고함과 덕성을 닮으라는 깊은 뜻도 있겠지요.

재료 멥쌀가루 6컵, 소금 6g, 물 1컵, 치자 가루 약간, 딸기 가루 약간,
참기름 약간

만드는 법

1. 멥쌀은 깨끗이 씻어 6시간 정도 불린 후 체에 건져 물기를 빼고 소금을 넣어 빻는다.
2. 멥쌀가루는 3등분하여 흰색, 치자 가루로 노랑색, 딸기 가루로 분홍색을 만든다.
3. 흰 반죽을 15g 정도 떼어서 둥글납작하게 만든다.
4. 노랑과 분홍을 아주 작게 떼어 둥글게 만든다. 2의 모양에 붙인 다음 이쑤시개로 한 번씩 가운데를 눌러준다.
5. 찜기에 젖은 베 보자기 깔고 20분 정도 찐 후에 5분 정도 뜸 들인다.
6. 참기름을 바른다.

◐ 딸기 가루 색이 진하므로 조금만 넣어야 예쁜 색이 나온다.

부부의 찰떡같은 화합을 기원하는
봉채떡

봉채떡은 납폐 절차 중 봉채 시루에 찌는 떡입니다. 신랑 쪽에서 신부 쪽으로 혼서와 채단인 예물을 함에 담아 보내는 절차를 납폐라 합니다. 신부 집에서는 병풍을 치고 화문석을 깔아 예를 표하고 예탁 위에 봉채 시루를 올리고 신랑의 양기를 상징하는 붉은 보자기를 덮습니다. 그 위에 함을 받아 올리고 혼주는 함띠와 함보를 풀고 함진아비와 맞절을 합니다. 봉채떡을 찹쌀로 하는 것은 찹쌀의 찰기처럼 떨어지지 말고 부부가 화합하고 평생 이별하지 말고 살기를 기원하는 마음이며 붉은 팥고물은 액을 면하기를 비는 의미입니다. 대추는 꽃이 한 번 피면 모진 비바람에도 굴하지 않고 열매를 맺으므로 강인한 생명력과 자손 번창의 의미를 담고 있어요. 밤은 추수의 가을을 뜻하므로 생산과 풍요를 의미합니다. 떡을 두 켜만 안치는 것은 부부 한 쌍을 뜻하고, 대추와 밤은 따로 떠 놓았다가 혼인 전날에 신부가 먹도록 하였습니다.

재료	찹쌀 3되, 소금 30g, 설탕 1/2컵, 팥고물 1되, 소금 10g, 대추 7개, 밤 1개

만드는 법

1. 찹쌀은 깨끗이 씻어서 5시간 정도 불린 다음 체에 건져 물기를 빼고 소금 넣어 굵게 빻는다.
2. 밤은 껍질을 벗기고 대추는 깨끗이 씻어둔다.
3. 시루에 시루 밑을 깔고 팥고물 깔고 설탕을 조금 뿌려준다. 찹쌀은 분량의 반만 넣는 다음 팥고물 순으로 안친다 다시 팥고물 – 찹쌀 – 팥고물 순으로 안친다.
4. 맨 위에 찹쌀을 한 주먹 넓게 퍼서 놓고 대추 7개와 밤 1개를 얹어서 50분 정도 찐다.

◐ 시루에 떡을 찔 때 찰떡은 익히기가 어려우므로, 한 켜만 안쳐서 익으면 다시 한 켜를 넣어 찌는 방식으로 하면 잘 익힐 수 있다.
◐ 팥고물은 p22를 참고해 만든다.

비 내리는 가을날 생각나는
찹쌀부꾸미

혼례나 제례 때 다른 떡을 높이 쌓고서 맨 위에 얹는 웃기떡으로 쓰는 부꾸미는 찹쌀가루나 차수수
가루를 반죽하여 동글납작하게 빚고 소를 넣어 반달 모양으로 만든 후에 따뜻하게 기름에 지집니다.
기름은 깨끗해야 하며 불은 아주 약하게 하여 찹쌀이 완전히 익으면서도 눋지 않도록 정성을 들여야
합니다. 흰색뿐만 아니라 노랑, 분홍, 청색 등 여러 가지 색을 들여 색감을 맞추고, 밤 채, 대추 채, 석
이 채 등을 붙여 화려하게 장식하기도 합니다. 부꾸미는 비 오는 쌀쌀한 가을날에도 어울리는 떡입
니다. '가을비는 떡 비이고 겨울비는 술 비'라는 속담이 있지요. 가을에는 비가 오면 가을걷이한 넉넉
한 곡식으로 떡을 해 먹을 수 있기 때문이라고 합니다.

재료	찹쌀가루 500g, 소금 6g, 끓는 물 약간, 치자 우린 물 1T,
	보리순 가루 1t, 딸기 가루 1/2t, 설탕 약간
	소 ● 팥고물 1과 1/2T, 검은깨 3T, 꿀 2~3T

만드는 법

1. 찹쌀가루를 3등분한다.
2. 각각의 찹쌀가루에 치자 우린 물, 보리순 가루, 딸기 가루를 넣어 각
   각 물을 들인다.
3. 뜨거운 물로 익반죽한다.
4. 팥고물에 꿀과 깨를 넣어 둥글게 만들어 넣는다.
5. 프라이팬에 기름을 두르고 찹쌀 반죽을 둥글납작하게 만들어 기름에
   지진다.
6. 밑면이 투명해지면서 익으면 뒤집어준다.
7. 양면이 다 익으면 가운데 소를 넣어 양면 붙여준다.
8. 대추와 쑥갓으로 모양을 내준다.
9. 꺼내서 설탕을 뿌려준다.

◑ 찹쌀 반죽의 농도는 약간 되직하게 반죽하여 둥글게 한 후 납작하게 만들
어서 끝이 갈라지지 않는 정도로 한다.
◑ 찹쌀은 익으면 서로 붙으므로 프라이팬에 지질 때 간격을 두고 부친다.

사돈의 인심이 풍요로운
삼색인절미

시댁 어르신들에게 보내는 이바지 음식에 들어 있는 인절미는 특별히 '입막이 떡'이라고도 부릅니다. 우리 딸이 부족하더라도 잘 감싸달라는 친정어머니의 절절한 마음이 담겨 있습니다. 노란 콩고물, 푸른 청태, 검은 흑임자 고물로 입막이 떡인 삼색 인절미를 만들어 보았습니다. 혼례가 아니더라도 쫄깃한 식감의 찰떡을 고소한 콩고물에 묻혀 먹는 인절미는 우리에게 가장 친숙한 떡이기도 하지요. 찹쌀을 쪄서 절구에 찧어 전통 방식으로 찰떡을 만들면 더욱 쫀득쫀득 하답니다.

재료   찹쌀가루 3kg, 소금 33g, 단호박 찐 것 20g, 쑥 삶은 것 20g, 물 300g,
노란 콩고물 1컵, 흑임자 고물 1컵, 청태 고물 1컵

만드는 법

1. 찹쌀은 깨끗이 씻어서 5시간 정도 불린 후 체에 건져 물기를 뺀 후 소금을 넣어 빻는다.
2. 찹쌀가루를 3등분 한 다음 1kg에 단호박을 넣고, 1kg에 쑥을 넣어서 다시 한번 빻는다. 남은 1kg은 그대로 쓴다.
3. 3등분된 찹쌀가루 각각에 물 100g 정도 넣어 섞어준다.
4. 찜기에 젖은 베 보자기를 깔고 설탕을 살짝 뿌리고 찹쌀가루를 주먹 쥐어서 놓는다.
5. 김 오른 찜통에 25분 정도 찐 다음 5분 정도 뜸 들인다.
6. 기름 바른 그릇이나 절구통에 넣어 쳐준다.
7. 꺼내어 모양을 잡아서 콩고물을 묻힌다.

◑ 인절미를 자를 때는 칼에 랩을 씌워서 썰면 썰었을 때 단면이 깨끗하다.

떡살로 의미를 새기는
절편

시루에 찐 설기를 떡메로 쳐서 한 덩어리가 되게 한 것이 흰떡이고 흰떡을 굵게 비벼 끊어 떡살로 찍은 것을 절편이라고 합니다. 쌀이 문명이라면 떡은 문화이며 떡살은 떡 문화를 꽃 피우는 정점입니다. 선조들이 떡을 하늘에 올리는 신성한 재물로 여겨 지극한 정성의 표현으로 아름다움과 염원하는 것을 담고자 했던 심오한 철학이 떡살에 들어 있지요. 떡살의 문양은 용도에 따라 다르게 사용했는데, 단옷날의 수리취 절편에는 수레무늬를, 잔치 떡에는 꽃무늬를, 사돈이나 친지에게 보내는 떡에는 길상무늬를 찍었습니다. 신부의 혼수에 들어가는 떡살은 친정 가문의 품격을 상징하는 귀한 예물이었지요. 또한 가문에 따라 독특한 떡살 문양이 정해져 있어서 좀처럼 다른 집안에 빌려 주지도 않았다고 합니다. 부득이 가문을 상징하는 떡살의 문양을 바꾸어야 할 경우 문중의 승낙을 받아야 할 만큼 엄격했다고 하네요. '보기 좋은 떡이 맛도 좋다'는 말에서 알 수 있듯이, 절편은 먹고 나면 없어져 버릴 떡 하나에서도 보는 멋을 추구했던 우리 선조들의 격조를 느낄 수 있는 떡입니다.

재료	멥쌀 1kg, 소금 12g, 물 2컵, 삶은 쑥 100g, 참기름 약간

만드는 법

1. 쌀은 깨끗이 씻어 6시간 정도 충분히 불려서 건져 물기를 뺀 후 소금 넣어 빻는다.

2. 멥쌀가루의 반은 흰색으로 놔두고 반은 데친 쑥을 넣어 빻는다.

3. 떡가루에 물을 넣어서 반죽한다.

4. 찜기에 젖은 베 보자기를 깔고 3의 재료를 넣어서 25분 찐다. 흰색과 쑥색을 따로 찐다.

5. 꺼내서 손으로 치대준다.

6. 모양을 길쭉하게 만들어 떡살을 눌러준다

◑ 절편으로 모양을 만들 때는 뜸을 들이지 않아야 모양이 예쁘게 만들어진다.
◑ 떡살을 누를 때는 떡살에 식용유를 반드시 발라주어야 떡이 붙지 않고 모양이 살아난다.

색마다 정성 가득
색단자

큰상 차림에서 떡을 굄 때는 절편이나 인절미를 높이 쌓은 후 그 위에 장식으로 주악, 화전, 단자 등의 예쁜 떡을 웃기로 올렸다고 합니다. 색 단자는 공이 많이 들어가는 만큼 모양과 맛이 뛰어나 궁중이나 대갓집에서만 해 먹었으며 다과상이나 교자상에 차와 함께 내거나 고임 떡에 '웃기'로 장식하던 귀한 떡입니다. 익반죽한 새알을 물에 삶아 만드는 경단과는 달리 단자는 쪄낸 찹쌀을 꽈리가 일도록 쫀득하게 쳐서 만들기 때문에 정성이 곱으로 들어갑니다. 달라붙지 않도록 도마에도 꿀을 묻히고 손에도 꿀을 묻힌 후, 한입 크기로 얌전하게 썰어 모양이 잡히도록 잠시 굳히지요. 준비된 고물에 버무려 입에 넣으면 인절미의 쫄깃함과 꿀 묻은 고명의 달콤함이 조화를 이루며 입 안 가득 사르르 녹아듭니다.

재료 찹쌀가루 5컵, 소금 6g, 물 1/3컵, 밤 10개, 대추 8개, 석이 4장, 꿀 4T, 잣가루 1컵

소 • 다진 유자 3T, 대추 4개, 꿀 약간, 두텁 고물 1/3컵, 계핏가루 1/2t

만드는 법

1. 찹쌀을 깨끗이 씻어 5시간 불린 후 체에 건져 물기를 빼준다.
2. 찹쌀에 소금을 넣어 빻아준다.
3. 찹쌀가루에 물을 부어 버무린 후 20분 정도 찐다.
4. 쪄진 떡을 그릇이나 절구에 쏟아 꽈리가 일도록 치댄다.
5. 도마에 꿀을 바른 후 떡을 놓고 길게 늘인 다음 가운데 소를 넣어 말아준다.
6. 잘게 썰어서 고물을 묻힌 후 잣가루를 묻힌다.

● 고물 만드는 법

1. 밤은 껍질을 까서 물에 잠깐 담갔다가 건져서 얇게 채 썬다.

2. 대추는 깨끗이 씻어 씨를 빼고 얇게 밀어서 곱게 채 썬다.

3. 석이 버섯은 물에 불린 후 이끼를 긁어내고 채 썬다.

4. 잣은 티슈를 깔고 다진다.

5. 밤 채, 대추 채, 석이 채를 김 오른 찜기에 살짝 찐 후 쟁반에 넓게 펴서
   식혀준다.

● 소 만드는 법

1. 대추는 곱게 다지고 유자도 다진다.

2. 1에 두텁 고물, 꿀, 계핏가루를 함께 반죽한 다음 길죽하게 만든다.

◑ 고물을 만들 때 오래 찌면 뭉개져서 살짝 쪄야 한다.
◑ 그릇이나 절구통 방망이에 식용유를 바른 후 사용하면 떡이 붙지 않는다.

쌉쌀 달콤한 풍미가 입안에 가득
생강단자

쌉사름한 생강의 향과 깊은 달달함의 꿀맛, 그리고 잣의 고급스러운 풍미가 조화를 이루는 떡입니다. 단자에 쓰는 떡가루는 물은 주지 말고 소금만 넣어서 곱게 빻아 옵니다. 물을 주면서 덩얼덩얼한 상태로 반대기지어 찜기에 찐 후 많이 치댈수록 말랑말랑해지는데 꽈리가 일 때까지 치대라고 배웠지요. 단자는 꿀을 바른 뒤 굳힌 뒤에 썰어야 모양이 얌전하답니다.

재료 찹쌀가루 3컵, 소금 4g, 생강즙 3T, 물 2T, 계핏가루 약간, 꿀 적당량, 잣가루 1컵

만들기
1. 찹쌀은 깨끗이 씻어서 5시간 정도 불린 후 체에 건져 물기를 빼고 소금을 넣어 빻는다.
2. 1의 찹쌀가루에 생강즙과 계핏가루를 넣고 찬물을 부어 찹쌀이 군데군데 뭉쳐진 정도의 반대기지게 반죽한다.
3. 찜기에 젖은 베 보자기를 깔고 설탕을 살짝 뿌린 후 2의 가루를 넣어 김이 오른 찜통에 20분 정도 찐 다음 5분 뜸 들인다.
4. 다 익은 떡을 식용유 바른 양푼이나 절구에 쏟아 꽈리가 일도록 치댄다.
5. 도마에 꿀을 바르고 4의 떡을 놓고 길쭉하게 모양을 만들어 먹기 좋은 크기로 썰어준다.
6. 5의 떡에 꿀을 바르고 잣가루를 묻힌다.

◑ 생강은 많이 넣으면 쓴 맛이 나므로 적당량 넣어 준다.

지고지순한 사랑
은행단자

떡 만드는 사람인 저 조차도 일생 동안 몇 번 못 먹어본 귀하디귀한 떡이 은행단자입니다.
곱게 간 생 은행과 찹쌀가루를 섞어 쪄낸 뒤 꽈리가 일도록 쳐서 반대기를 짓습니다. 꿀을 발라가며
한입 크기로 써는데 이때 한 조각 집어 먹으면 그 맛이 환상입니다. 쌉싸름한 은행의 맛과 질 좋은 꿀
맛이 조화를 이루며 녹아드는 맛이 무어라 설명할 길이 없어요. 곱게 갈아놓은 잣가루에 조심조심
굴리면 말 그대로 임금님만 드시던 떡이 완성됩니다. 워낙 부드러운 떡이라 냉동했다가 녹여서 잣가
루를 묻히면 오히려 더 쫄깃해 집니다.
농서 〈사시찬요〉에는 조선시대에는 만물이 소생하는 경칩에 남녀가 은행을 주고받으며 연모의 감정
을 표현했다는 이야기가 나옵니다. 은행나무는 암수 그루가 서로 마주 보아야 열매를 맺고 그 사랑
이 천년을 간다고 전해집니다. 그래서 봄을 맞이하면서 은행을 주고받았다고 하는데, 여기에는 매우
깊은 마음이 담겨져 있습니다. 경칩에 사랑을 전하기 위해서는 가을에 떨어진 은행을 겨우내 고이
간직해야 했기 때문이지요. 다가올 경칩을 기대하며 겨울 내내 은행을 바라보고 있었을 옛날 연인들
의 지고지순한 사랑이 느껴지는 이야기입니다.

재료　　　　찹쌀가루 6컵, 소금 7g, 은행 1컵, 잣가루 2컵, 꿀 적당량

만드는 법
1. 찹쌀은 깨끗이 씻어서 5시간 정도 불린 후 체에 건져 물기를 빼고 소
   금을 넣어 빻는다.
2. 은행은 끓는 물에 살짝 넣었다가 꺼내서 껍질을 벗긴 다음 믹서에 갈
   아준다.
3. 1과 2를 합하여 반죽에 덩어리가 군데군데 있는 정도로 반대기지게
   반죽한다.
4. 찜기에 젖은 베 보자기를 깔고 설탕을 살짝 뿌린 후 3의 찹쌀가루를
   넣어 김이 오른 찜통에 20분 정도 찐 다음 5분 정도 뜸 들인다.
5. 다 익은 떡을 식용유 바른 양푼이나 절구에 쏟아 꽈리가 일도록 치댄다.
6. 도마에 꿀을 바르고 5의 떡을 놓고 길쭉하게 모양을 만들어 먹기 좋
   은 크기로 썰어준다.
7. 6의 떡에 꿀을 바르고 잣가루를 묻힌다.

◑　은행잎을 광주리에 담아 놓으면 바퀴벌레와 개미가 없어진다.
◑　생 은행을 까서 하면 떡이 더 매끄럽다.

태풍도 천둥도 땡볕도 머금은
대추단자

장석주 시인은 둥근 대추 한 알이 여물기까지 태풍과 땡볕과 무서리까지 무수한 자연의 노고가 들어
갔다고 했지요. 살이 도톰한 대추를 오래오래 고아낸 대추고로 만든 인절미는 자연의 노고와 사람의
정성이 함께 빚어낸 합작품이랍니다.
단자에는 잣가루를 쓰는데요. 높은 잣나무에 올라가 사람 손으로 일일이 따야 하는 수고까지 생각하
면 엄청난 공이 들어가는 떡이지요. 한때는 원숭이를 훈련시켜 잣을 따려는 시도도 해보았다는데요.
손바닥과 털에 송진이 끈끈하게 묻는 것을 알아채고는 다시는 안올라가려 해서 결국 사람 손으로 잣
을 딴다고 합니다.

재료 찹쌀 6컵, 소금 7g, 대추고 3/4컵, 물 약간, 꿀 적당량, 잣가루 1과 1/2컵

만드는 법
1. 찹쌀은 깨끗이 씻어서 5시간 정도 불린 다음 체에 건져 물기를 빼고
   소금 간 하여 빻는다.
2. 찹쌀가루에 대추고를 넣어 반대기지게 반죽한다.
3. 찜기에 젖은 베 보자기를 깔고 설탕을 살짝 뿌린 후 2의 찹쌀가루를
   넣어 김이 오른 찜통에 20분 정도 찐 다음 5분 정도 뜸 들인다.
4. 다 익은 떡을 식용유 바른 양푼이나 절구에 쏟아 꽈리가 일도록 치댄다.
5. 도마에 꿀을 바르고 4의 떡을 놓고 길쭉하게 모양을 만들어 먹기 좋
   은 크기로 썰어준다.
6. 5의 떡에 꿀을 바르고 잣가루를 묻힌다.

◐ 잣은 도마에 티슈를 깔고 다진다. 시중에 판매하는 치즈 가는 기계로 갈
   아서 쓰면 손쉽게 할 수 있다.
◐ 단자에 넣을 대추고를 오래 조려서 즉 정도의 농도로 넣어야 색깔이 짙어
   지고 깊은 맛의 대추의 풍미를 느낄 수 있다.

정성으로 품격을 짓는
녹두찰편

곱디고운 노란빛을 자랑하는 녹두편은 제사나 고사 때에 고임 떡으로 많이 쓰입니다. 번거로워도 껍질을 일일이 정성껏 벗겨내어야 고물의 색이 곱게 나고, 통녹두 고물을 쓰면 격이 훨씬 높은 떡이 된답니다. 녹두는 독을 배출시키는 능력이 뛰어나서 백가지 독을 치유하는 천연 해독제라는 별명을 갖고 있습니다. 게다가 단백질과 칼슘 함량이 매우 높고, 무기질과 비타민도 풍부해서, 녹두빈대떡 청포묵, 떡고물, 당면, 숙주나물 등 다양한 음식으로 우리에게 친숙합니다.

재료 찹쌀가루 1kg, 소금 11g, 설탕 110g, 녹두 고물 5~6컵

만드는 법
1. 찹쌀은 5시간 이상 충분히 불린 다음 물기를 뺀 후 소금을 넣어 빻는다.
2. 찜기에 젖은 베 보자기를 깔고 녹두 고물을 넣어 고루 펴준 다음 설탕 양의 반을 뿌린 후 1의 찹쌀가루를 넣어 평평하게 한 후 남은 녹두 고물을 고루 펴준다.
3. 2위에 설탕을 고루 뿌린다.
4. 김이 오른 찜통에 25분 정도 찐다.
5. 불 끄고 5분간 뜸 들인다

◑ 단맛을 원하지 않으면 설탕을 넣지 않아도 구수한 맛이 납니다.

봉우리떡의 다른 모습
두텁찰편

궁중에서 경사스러운 잔칫날에 만들어 먹던 두텁떡은 손도 많이 가고 정성도 많이 들어야 하지요. 그만큼 맛도 모양도 각별합니다. 두텁 고물을 넉넉하게 두고 찹쌀가루와 소를 안치고 다시 두텁 고물을 두어 쪄내는 두텁찰편은 귀한 제사편이나 이바지 음식으로 그만입니다. 편편이 잘라내면 두텁 봉우리떡보다 먹기가 편합니다. 얌전하게 썬 두텁찰편 한 조각에 향긋한 유자차를 곁들이면 임금님도 부럽지 않을 거예요. 떡 중의 떡이라고 부르는 두텁떡은 만들기에 따라 모양과 맛이 달라지는데, 두텁봉우리떡, 두텁단자, 두텁메편도 알아두면 좋습니다.

재료   찹쌀가루 1kg, 간장 1T, 꿀 8T, 계핏가루 1t, 유자청 2T, 두텁 고물 6컵
소 • 밤 10개, 대추 12개, 잣 5T, 유자청 건지 3T, 호두 10개, 물 약간

만드는 법

1. 찹쌀은 깨끗이 씻어 5시간 정도 불린 후 체에 건져 물기를 빼준다.
2. 찹쌀가루에 간장, 꿀, 유자청, 계핏가루를 섞어서 손으로 비벼서 체에 내린다.
3. 밤은 껍질을 벗겨 6등분한 후에 설탕과 물에 넣어 살짝 조린다.
4. 대추는 깨끗이 씻어 씨를 발라내고 2~3등분한다.
5. 잣은 고깔을 떼고 깨끗이 닦아준다.
6. 찜기에 시루 밑을 깔고 두텁 고물을 반 정도 안치고 1의 찹쌀가루에 손질한 밤, 대추, 잣, 호두, 유자를 놓는다. 남은 두텁 고물로 덮어서 25분 정도 찐 다음 5분 뜸 들인다.

◑   두텁편은 쪄내고 나면 수증기로 인하여 고물이 질어진 부분이 있다. 그 고물을 살짝 걷어내고 새 고물로 뿌려준다.

4장

기운을 돋우고 병을 이기는
건강떡

진보라색 흑미가 장수를 보장하는
호두흑미떡

쫀득한 흑미 찹쌀에 호두를 살강살강 섭히게 박은 영양떡입니다. 검은 듯 보이는 진한 보라색 흑미 속에 언뜻 언뜻 보이는 흰색 호두가 고급스러워 보입니다. 흑미는 '약미', '장수미'라고도 불리며 중국 황제에게 진상되었던 귀한 식재료입니다. 흑미는 그냥 보면 검은색이지만 조리를 하면 진한 보라색이 되는데, 눈을 보호해주고 나쁜 지방을 없애주는 성분이 있습니다. 호두는 영양소의 종합선물세트 같은 열매라 견과류의 황제라고 하지요. 호두를 늘 옆에 두고 먹으면 뇌의 노화를 방지하고 피부를 아름답게 할 수 있고, 치매와 암을 예방하고 잠이 깊게 들 수 있다고 하니, 영양으로는 어디 내놓아도 으뜸입니다. 우리나라 천안에 호두가 유명한 것은 고려 때 원나라 사신으로 갔던 유청신이 호두를 들여와 고향인 천안에 심었기 때문이라고 합니다.

재료   흑미찹쌀 1kg, 소금 11g, 설탕 50g, 물 1/4컵, 잘게 썬 호두 150g

만드는 법

1. 흑미는 물에 하루 정도 충분히 불린 다음 물을 뺀 후 소금을 넣고 빻는다.
2. 물을 주어 한 번 더 방아에 빻는다.
3. 찜기에 젖은 베 보자기를 깔고 1의 가루 반을 안치고 설탕 25g을 뿌리고 호두를 뿌린다. 남은 가루를 위에 안친 후 설탕 25g을 뿌리고 평평하게 한다.
4. 김이 오른 찜통에 25분 찐 후에 5분 뜸 들인다.

◑   흑미는 깨끗하게 씻은 후 물을 자박하게 부어서 거기에서 우러나온 물을 흡수하게 한다.

◑   흑미나 현미처럼 껍질이 두꺼운 재료는 방아에 한 두 번 정도 더 빻아 주어야 부드럽다.

화사한 색채 대비
계피콩찰편

한쪽에는 검은 서리태를 두고 다른 한편에는 붉고 흰 고운 대추 채, 밤 채가 화려한 찰떡입니다. 반드시 뜨거울 때 집청을 해야 떡이 부드럽습니다. 집청한 새까만 서리태가 반짝이고, 붉은 대추 채 사이사이로 밤 채가 보이는, 현대적인 색채 대비가 아름답고 집청 속 계피향이 더해져 모양도 맛도 화사합니다. 검은콩 중에서도 최고로 치는 서리태는 서리가 내린 뒤 거두어야 가장 맛있다고 해서 붙여진 이름입니다. 검은 껍질 속 매혹적인 연두빛 속이 푸르다고 하여 속청이라고도 부르지요. 계피콩찰편에는 서리태의 영양도 듬뿍 담겨 있는데, 서리태는 머리가 빠지는 것을 막아주고, 갱년기 증상을 완화해주고, 면역력을 높여준다고 알려져 있습니다.

재료   찹쌀가루 6컵, 설탕 1/4컵, 소금 6g, 물 2T, 검은콩 1컵, 대추 6개,

밤 5개, 잣 3T, 집청액 8T~10T

집청액 ● 물 2컵, 황설탕 1컵, 꿀 2T, 통계피 20개, 생강 2쪽

만드는 법
1. 검은콩을 찬물에 불린 다음 불은 검은콩을 체에 밭쳐 물기를 뺀다.
2. 검은콩에 소금을 넣어 잘 섞는다.
3. 밤과 대추는 채 썰고 찹쌀은 소금을 넣어 빻는다.
4. 찹쌀가루에 물을 넣어 잘 섞는다.
5. 찜기에 젖은 베 보자기를 깔고 검은콩을 바닥에 깔고 위에 찹쌀을 넣는다.
6. 그 위에 밤 채, 대추 채, 잣을 얹어준다.
7. 김 오른 찜기에 20분 정도 찐 후 5분 정도 뜸 들인다.
8. 꺼내서 양면에 집청액을 바르고 먹기 좋은 크기로 썰어서 접시에 양면이 나오도록 담는다.

● 집청액 만들기
1. 모든 재료를 넣고 약한 불에서 농도가 꿀 정도 될 때까지 조려준다.
2. 거의 조려지면 꿀을 넣고 계피와 생강을 건진다.

◐   검은콩을 불리지 않고 바로 삶을 때는 1시간 정도 삶으면 고소하다.

신세대 개량 떡
오븐찰떡

미국으로 이민 가신 분들이나 유학생들이 떡이 그리울 때마다 오븐으로 만들어 먹는 떡이라 하여
'LA찰떡'이라고도 부릅니다. 저 역시 외국 생활을 할 때 배워서 요긴하게 해 먹었지요. 간편한 방법
에 비해 찹쌀에 넣는 재료에 따라 다양한 맛의 연출이 가능하고, 콩이나 견과류, 말린 과일을 원하는
대로 조합할 수 있어서 무궁무진한 변신이 가능하답니다. 물 대신 우유로 반죽하면 영양도 풍부하고,
반듯하게 썰어 하나씩 예쁘게 포장하면 선물로도 그만이지요.

재료 찹쌀가루 5컵, 황설탕 1/4컵, 베이킹소다 1/2t, 소금 1t, 계핏가루 2t,
우유 1컵, 건포도 1/4컵, 호두 1/2컵, 대추 15개

만드는 법
1. 오븐용기에 포일을 깐다.
2. 포일 위에 식용유를 바른다.
3. 오븐 170~180도 예열을 5분 정도 한다.
4. 대추는 씨를 발라내고 8등분 정도 한다.
5. 호두는 굵게 다진다. 건포도는 깨끗이 씻어 마른행주로 닦아준다.
6. 찹쌀을 5시간 불린 후 물기를 빼서 소금을 넣고 빻는다.
7. 찹쌀가루에 황설탕, 베이킹소다, 소금, 계피, 우유를 넣어 반죽한다.
8. 7의 반죽에 건포도를 섞어준다
9. 오븐 용기에 반죽을 넣은 후 호두 대추를 넣어 약간 눌러준다.
10. 예열된 오븐에 40~45분 정도 굽는다.
11. 먹기 좋은 크기로 썬다.

◑ 견과류는 취향 따라 바꾸면 새로운 맛을 느낄 수 있다.

정갈하게 돌돌 말아
깨말이떡

작은 한 톨에도 터질 듯이 영양분을 가득 품은 고소한 깨를 고물로 하여 먹기 좋게 동그랗게 말아서 만든 떡입니다. 고소하게 간하고 찧은 흑임자를 고물로 만들어 찹쌀가루 위에 얹은 다음 둥글게 말아 두텁 고물로 한 번 더 감싸 풍부한 맛을 더했습니다. 찰편 중앙에 그어진 검은 선이 현대적인 아름다움을 줍니다. 그대로 네모지게 썰어도 아름답고 도르르 말아서 썰어 내면 먹기에도 얌전하고 모양도 색다릅니다. '병에 걸려 말할 기력조차 없는 사람에게 처방하라'는 동의보감 기록처럼 흑임자는 수많은 곡류 중에서도 으뜸으로 꼽습니다. 고소한 참깨, 들깨는 혈액 순환을 돕고 검은깨는 몸을 보하기 때문에 회복식 건강식 죽의 재료로 많이 쓰입니다. 흑임자는 시력 회복과 당뇨에 효과적이고 두피 생성에도 도움이 됩니다. 또한 기억력과 집중력을 향상시켜 노화를 늦추고, 칼슘도 풍부하여 골다공증과 관절 질환을 예방해 준답니다. 1년을 먹으면 피부가 윤택해지고 2년을 먹으면 흰머리가 검게 나고 3년을 먹으면 치아가 튼튼해진다고 하지요.

재료   찹쌀가루 500g, 소금 6g, 물 6T, 설탕 50g, 흑임자 가루 1컵,
두텁 고물 1컵

만드는 법
1. 찹쌀을 깨끗이 씻어 5시간 정도 불린 후 체에 건져 물기를 빼고 소금 간하여 빻는다.
2. 1의 찹쌀가루에 물을 넣어 섞은 후에 설탕을 넣어 잘 섞는다.
3. 찜기에 시루 밑을 깔고 두텁 고물을 뿌리고 찹쌀가루를 평평하게 안친 다음 흑임자 깨를 뿌린다.
4. 김이 오른 찜통에 20분 정도 찐 다음 5분 뜸 들인다.
5. 도마에 찐 떡을 쏟은 후 손으로 편편하게 모양을 잡아 김밥 말듯이 말아 냉동고에 넣는다. 살짝 얼면 꺼내서 먹기 좋은 크기로 썬다.

◐   흰 깨나 땅콩 등 견과류를 넣어서 특별한 맛을 즐길 수 있다.

친정 어머니의 소박하고 투박한
밤팥찰떡

유난히 솜씨가 좋으셨던 친정 어머니께서 뚝딱 손쉽게 해 주셨던 떡입니다. 통팥과 굵게 썬 밤의 모양새가 투박하기 그지없지만 세세하게 표현은 못 해도 뜨거운 정이 흐르는 옛날 어머니들의 마음처럼 든든한 떡입니다. 한쪽에는 뜸을 잘 들여 막 터지려는 통팥 고물을 하고 찹쌀가루에 쑥을 섞어 영양을 더합니다. 쑥의 수분이 찰떡이 굳는 것을 더디게 해 주지요. 다른 쪽에는 마구 썰기를 한 밤을 한 켜 올립니다. 투박하게 생긴 밤팥찰떡을 한입 베어 물면 굳은살로 거칠어진 어머니의 손을 꼭 잡은 것처럼 마음 깊은 곳부터 따뜻함이 전해져 온답니다.

재료   찹쌀가루 1kg, 소금 11g, 데친 쑥 200g, 밤 300g, 통팥고물 5~6컵,
설탕 1/2컵

만드는 법   1. 찹쌀은 깨끗이 씻어 5시간 이상 불린 후 체에 밭쳐 물기를 빼고 소금
을 넣어 빻는다.
2. 1의 가루에 데친 쑥을 넣어 한 번 더 빻는다.
3. 밤은 껍질 벗겨 6~8등분 한다.
4. 찜기에 젖은 베 보자기를 깔고 팥, 쌀가루, 팥고물, 밤 순으로 안치고
설탕을 뿌린다.
5. 김 오른 찜기에 25분 정도 찐다.

◑   밤은 시간이 지나면 갈변하므로 갈변 방지를 위해 물에 조금 담갔다가
쓴다.

감칠맛과 쫄깃한 식감의
도토리찰편

예전에 도토리는 가을에 주워다 보관하여 춘궁기를 버티던 구황식물이었지요
도토리 껍질을 벗겨 물에 우려 떫은 맛을 빼고 갈아서 앙금을 낸 다음 말려 가루를 만듭니다. 전분은
가라앉혀 묵으로 만들고, 남은 도토리 과육 지게미로 만든 도토리떡은 감칠맛이 그만이지요. 도토리
가루와 수수 가루 또는 쌀가루와 섞어 팥고물, 콩고물을 두어 시루에 쪄내기도 하는 충청도 지방의
별미로 향과 쫄깃한 식감이 뛰어난 떡이랍니다. 도토리 성분 중 아콘산은 몸속의 중금속을 흡수 배
출하고 피로회복과 숙취 제거에도 효과가 좋다고 합니다. 또한 위를 튼튼하게 하고 천연방부제 역할
도 하므로 떡의 보존성을 높여줍니다. 탄닌 성분도 많아 변비를 일으킬 수 있으니 맛있어도 적당히
먹어야겠지요.

재료　　　　찹쌀가루 1kg, 소금 12g, 도토리 가루 500g, 물 1/2컵,

　　　　　　　굵은 콩고물 4컵, 설탕 110g, 흑임자 1/2컵

만드는 법

1. 찹쌀은 깨끗이 씻어서 5시간 정도 불린 후 체에 건져 물기를 빼고 소금을 넣어 빻는다.

2. 도토리 가루와 물을 넣어 손으로 비벼서 촉촉하게 해둔다.

3. 1과 2를 함께 섞은 다음 체에 내린다.

4. 3의 가루에 설탕을 섞어준다.

5. 찜기에 젖은 베 보자기를 깔고 콩고물 한 켜 놓고 쌀가루를 반만 넣어 평평하게 한 후 중간에 흑임자 가루를 얹어준 후 쌀가루, 콩고물 순으로 마무리 한다.

6. 김 오른 찜통에 25분 찐 다음 5분 뜸 들인다.

◗　　고물을 팥고물로 바꾸어도 떡 맛이 깊은 맛이 있다.

머리와 혈관을 맑게 하는
생땅콩찰편

땅콩은 조선시대 정조 때 청나라 사신으로 간 이덕무가 처음으로 가져왔지만 1836년에야 재배에 성공하여 퍼졌다고 합니다. 고소한 맛이 특징인 땅콩은 100g 칼로리가 밥 두공기와 같을 정도로 고지방 고열량 식품입니다. 그러니 생땅콩으로 만든 찰편은 말 그대로 영양이 한가득입니다. 뇌세포 형성에 도움을 주어 머리를 맑게 해주고, 혈관의 건강을 책임진다는 땅콩의 영양을 그대로 담은 생땅콩찰편을 한 조각 먹으면 맛도 찰지지만 영양도 챙기게 되어 두 마리 토끼를 다 잡는 셈입니다.

재료　　　현미찹쌀 1kg, 소금 11g, 생땅콩 1kg, 물 5T, 설탕 110g

만드는 법
1. 현미찹쌀은 하룻밤 정도 충분히 불린 다음 체에 밭쳐서 물기를 뺀 후 소금을 넣어 빻는다.
2. 쌀가루에 물을 주어 손으로 비벼서 고루 섞은 후 체에 내린 다음 설탕을 섞는다.
3. 생땅콩은 물에 불렸다가 씻어서 건진다.
4. 찜기에 젖은 베 보자기를 깔고 생땅콩을 반 정도만 바닥에 퍼준 후 2의 쌀가루, 생땅콩의 순으로 안친다.
5. 김 오른 찜통에 30분 정도 찐 다음 5분 뜸 들인다.

◑　　　현미 쌀은 일반 쌀보다 한두 번 정도 방아를 더 빻아준다.

강원도 최고의 나물 곤드레로 만든
곤드레떡

고려엉겅퀴라고도 불리는 곤드레는 배고팠던 시절 보릿고개를 넘기기 위해 먹었던 대표적인 구황식물입니다. 이제는 강원도 최고의 나물이 되어, 별미떡으로 변신하여 입맛을 유혹합니다. 다른 산채들은 봄철에 잎이나 줄기가 연할 때 채취하여 먹어야 하지만 곤드레는 5~6월까지도 잎이나 줄기가 연한 것이 특징입니다. 곤드레는 신장을 튼튼하게 해 주고 이뇨 작용을 하여 붓기를 빼주며 면역력을 강화시켜 줍니다. 혈중 콜레스테롤을 낮추어 혈액 순환을 도와주고, 숙변을 제거해줍니다.

재료
멥쌀가루 1kg, 소금 11g, 곤드레 나물 200g, 물 1/2컵, 설탕 50g,
호두 150g
고물 ● 두텁 고물 5컵

만드는 법

1. 멥쌀을 깨끗이 씻어서 5시간 정도 불린 후 체에 건져 물기를 빼고 소금을 넣어 빻는다.
2. 멥쌀에 물을 주어 손으로 비벼서 잘 섞어준 후 체에 내린 다음 설탕을 넣어 섞어준다.
3. 곤드레 나물은 푹 삶아서 찬물에 담가둔 후 헹구어서 물기를 꽉 짠 후 잘게 썰어놓는다.
4. 호두도 굵게 다져 놓는다.
5. 2, 3, 4의 재료를 잘 섞어 놓는다.
6. 찜기에 젖은 베 보자기를 깔고 고물을 반만 깔아준 다음 5를 넣고 다시 고물을 덮어준다.
7. 김이 오른 찜통에 25분 찐 다음 5분 뜸 들인다.

◖ 마른 곤드레 나물은 삶은 후에 하룻밤 정도 물에 담가 두었다 사용한다.

왕의 도를 닮은 아홉 가지 재료
구선왕도고

구선왕도고는 '음식이 보약이다'라는 말에 잘 어울리는 대표적인 약떡입니다. 부작용이 없는 아홉 가지 약재를 조화롭게 이용하여 만든 떡으로 비장과 위장을 도와 소화를 잘되게 하고 입맛 돌게 하며 신장의 기운을 도와 원기를 돕고 면역력을 높여줍니다. 아홉 가지 재료가 몸에서 조화를 이루는 것이 왕의 도를 닮았다 하여 이름 붙여진 구선왕도고는 조선 시대부터 궁중의 보양식 역할을 해왔지요. 세종대왕이 당뇨로 고생할 때에도 구선왕도고 떡을 드렸다고 합니다. 구선왕도고의 아홉 가지 약재는 멥쌀가루에 볶은 율무 가루, 연육(연꽃 열매), 백복령(소나무 뿌리에서 자라는 약재), 산약(산마를 말린 것), 맥아(엿기름), 능인(마름의 익은 열매를 말린 것), 백변두(콩과에 속하는 넝쿨 풀), 시상(곶감 표면의 하얀 가루) 등입니다. 이 약재 가루와 꿀을 섞어 쩐 설기떡으로 햇볕에 말려 가루로 만들어 미음이나 미숫가루로 만들어 먹으면 평생 감기에 걸리지 않는다고 할 만큼 큰 보강제 역할을 하는 떡입니다.

재료
멥쌀가루 1kg, 소금 11g, 산약 30g, 맥아 15g, 백편두 15g,

백복령 30g, 의이인 30g, 능인 15g, 시상 5g, 꿀 4T, 물 1/2컵,

설탕물(물 6:설탕 1) 1컵

만드는 법
1. 멥쌀을 깨끗이 씻어서 5시간 정도 불린 후 체에 밭쳐서 물기를 제거하고 소금을 넣어 빻는다.
2. 체에 내려준다.
3. 산약, 맥아, 백변두를 볶아서 고운 체에 내려준다.
4. 시상, 의이인, 능인, 시상도 고운 체에 내려준다.
5. 3과 4의 가루에 물을 부어 손으로 고루 비벼준다.
6. 멥쌀가루에 5의 한약재와 꿀을 넣고 비빈 후 설탕물로 수분을 조절한다.
7. 체에 내린다.
8. 찜기에 젖은 보자기를 깔고 8의 재료를 넣어 평평하게 한다.
9. 김이 오른 찜통에 25분 정도 쩐 후 불을 끄고 5분 정도 뜸 들인다.

◑ 한약재나 마른 가루를 떡재료로 쓸 경우에는 한약재가 마른 상태이므로 가루에 물을 주어 촉촉하게 해서 쪄야 떡이 촉촉하다.

모든 것 담아 손주에게 주고싶은
영양떡

제게는 외손주가 있습니다. 딸이 이르지 않은 나이에 결혼한 덕에 꽤 늦게 본 손주여서인지 볼수록 더 예쁘고 나날이 더 귀합니다. 영양떡은 이런 손주에게 세상의 좋은 것은 다 가져다 먹이고 싶은 할머니의 마음을 담은 떡입니다. 밤, 대추, 잣은 물론이고 행여 무엇이 부족할까 싶어 호두며 해바라기 씨까지 몸에 좋다는 견과류는 모두 넣어 만든 영양 가득한 음식이지요. 떡 하나만 먹어도 한 끼 식사로 손색이 없기를 바라는 할머니의 정성이 가득한 떡입니다.

재료
찹쌀 1kg, 소금 11g, 설탕 110g, 검은콩 1컵, 밤 12개, 대추 12개, 호두 1/2컵, 울타리콩 삶은 것 1컵, 해바라기 씨 1/4컵, 호박씨 1/4컵

만드는 법

1. 찹쌀은 깨끗이 씻어서 5시간 정도 불린 후 체에 건져 물기를 빼고 소금을 넣어 빻는다.

2. 검은콩은 불려서 끓는 물에 10~15분 정도 삶아 익힌 다음 소금을 살짝 뿌린다.

3. 울타리콩도 삶아서 익혀놓는다.

4. 밤은 속껍질을 벗겨 4등분 한다.

5. 대추는 씨를 발라내고 4등분 한다.

6. 호두는 잘게 쪼개 놓는다.

7. 해바라기씨와 호박씨는 깨끗이 마른행주로 닦아놓는다.

8. 2~7을 모두 섞어 놓는다.

9. 찜기에 젖은 베 보자기를 깔고 설탕을 살짝 뿌린 후에 1과 8의 재료를 넣어서 평평하게 한 다음 찹쌀가루를 넣은 다음 남은 8의 재료를 얹어준 다음 남은 설탕을 위에 뿌린다.

10. 김 오른 찜통에 30분 정도 찐 후 5분 정도 뜸 들인다.

11. 떡이 완성되면 쟁반에 기름을 바르고 떡을 쏟아서 잠시 식힌 후 먹기 좋은 크기로 썬다.

◐ 영양떡은 모든 재료를 섞어서 찌면 손쉽게 할 수 있다.
◐ 검은콩은 불린 상태로 넣어도 된다. 소금은 미리 뿌리면 물이 나와 좋지 않으므로 쌀가루를 섞기 전에 넣어둔다.

진흙 속의 보물
연근설기

사르르 녹는 부드러운 설기 속에 숨어 있는 연근이 살캉살캉 썹히는 소리가 오감도 자극하지만 그 맛도 '둘이 먹다 하나 죽어도 모른다'는 옛 말을 생각나게 할 만큼 빼어납니다. 연근은 성질이 따뜻하고 맛은 달고 독이 없어 쪄서 먹으면 오장을 잘 보해주고 기력을 빠르게 회복시켜 주어서, 먹을수록 몸이 거뜬해집니다. 연근을 자르면 나오는 실모양의 뮤신은 단백질 소화효소 성분으로 몸속에서 단백질이 헛되이 쓰이지 않도록 도와줍니다. 연근의 강장 작용은 이 뮤신 덕분이지요. 연근의 탄닌 철분 성분은 출혈을 멈추게 하고 구내염에도 효과가 있습니다. 또한 연근은 열독을 풀고 어혈을 삭혀 줍니다. 비타민 C가 풍부하여 피를 잘 돌게 하고 피부에도 좋고 내장의 활동을 부드럽게 하여 몸 전체를 조화롭게 합니다. 잠이 잘 오지 않을 때 연근을 달여서 꾸준히 먹으면 날카로운 신경을 풀어주어서 잠이 깊이 들 수 있습니다.

재료   멥쌀 1kg, 소금 11g, 설탕 110g, 연근 가루 6T, 물 2T, 연근 200g, 단호박 150g, 물 1/2컵

만드는 법

1. 멥쌀을 깨끗이 씻어서 6시간 정도 불린 후 체에 건져 물기를 빼고 소금을 넣어 빻는다.
2. 연근 가루는 물을 넣어 손으로 비벼서 잘 섞어둔다.
3. 단호박은 쪄서 1의 멥쌀가루와 잘 섞어서 체에 내려준다.
4. 2와 3을 섞어서 체에 한 번 더 내려준다.
5. 연근은 네모로 썰어서 삶아 놓는다.
6. 4와 5를 잘 섞어준다.
7. 찜기에 베 보자기를 깔고 25분 찐 다음 5분 뜸 들인다.

◐ 연근은 삶거나 데쳐도 비타민이 녹말로 보호되어 있어 쉽게 파괴되지 않는다.
◐ 연근 가루는 유기농 매장에서 손쉽게 구입할 수 있다.

입안 가득 퍼지는 귀한 맛
수삼설기

백설기인가 하고 한 입 베어 무는 순간, 수삼의 진한 향이 입 안 가득 퍼지는 수삼설기. 여기에 수삼 정과 한 뿌리를 얌전하게 얹어 차와 곁들이면 왕과 같은 대접을 받는 느낌이지요. 몸을 따뜻하게 해주는 인삼의 성분이 추위를 덜 타게 도와주고 감기를 예방하며 혈액 순환을 도와 손발이 저린 증상을 없애줍니다. 인삼은 오장五藏의 부족한 기를 보한다 하였습니다. 우리는 오장에 저장된 영양분의 힘으로 살아갑니다. 때문에 오장의 기가 끊어지면 사람이 죽고 채워지면 기사회생하는 것이지요. 인삼은 땅의 기운을 엄청나게 빨아들여 흡수하는데, 인삼을 먹은 사람도 같은 효과를 얻어 같은 양의 식사를 해도 그 영양분을 두세 배 이상 흡수한다고 합니다.

재료   멥쌀 1kg, 소금 11g, 인삼 물 3/4컵, 설탕 100g, 인삼 2뿌리,
녹두 고물 4컵

만드는 법
1. 인삼 한 뿌리는 물과 함께 갈아준다.
2. 나머지 한 뿌리는 잘게 깍둑썰기한 다음 설탕에 조린다.
3. 멥쌀가루에 인삼 물을 넣어서 잘 섞어준 다음 체에 내린다.
4. 3의 가루에 졸여진 인삼과 설탕을 넣어 섞어준다.
5. 찜기에 젖은 면 보자기를 깔고 녹두 고물 깔고 4를 넣어 평평하게 해준다.
6. 위에 다시 녹두 고물을 얹어준다.
7. 25분간 찐 다음 불 끄고 5분간 뜸을 들인다.

인심과 꿀은 궁합이 맞으므로 설탕 대신 꿀을 넣어 주면 금상첨화다.

님과 나누고 싶은 맛
미나리인절미

나무의 일품이 소나무라면 먹는 풀, 즉 식채의 일품은 단연 미나리입니다. 우리 조상들은 미나리의 덕을 크게 세 가지로 꼽았습니다. 첫째는 진흙탕 속에서도 새파랗고 성성하게 자라는 심지입니다. 가난과 악조건을 극복하는 민초의 모습이지요. 두 번째는 볕이 들지 않는 음지에서도 잘 자라는 생명력이고 세 번째는 날이 가물어도 푸르름을 잃지 않는 강인함입니다. 가뭄이 길어져 산천초목과 곡식이 모두 누렇게 시들어도 미나리만큼은 홀로 성성함을 잃지 않는다고 합니다. 그래서 미나리는 '처갓집 세배는 미나리 날 때 가라'는 말이 있을 정도로 우리 조상들에게 사랑받았던 채소입니다. 또 미나리의 생명력과 번식력을 닮아 건강 장수하고 자손을 번창시키라고 돌상에도 미나리를 올렸다고 합니다. 미나리 인절미에는 떡을 먹는 이들이 미나리의 푸르른 생명력을 닮아 기꺼이 삶의 고단함을 헤쳐 나가기를 바라는 마음이 담겨 있습니다.

재료   찹쌀가루 1kg, 미나리 삶은 것 200g, 소금 11g, 물 100g,
            청태 콩고물 2컵

만드는 법
1. 찹쌀은 깨끗이 씻어서 5시간 정도 불린 후 체에 건져 물기를 빼고 소금을 넣어 빻는다.
2. 찹쌀가루에 미나리 데친 것을 넣어서 방아를 빻는다.
3. 찜기에 베 보자기를 깔고 설탕을 살짝 뿌려준 후 2의 재료를 주먹으로 쥐어서 드문드문 놓는다.
4. 김 오른 찜기에 25분 쪄준 다음 5분 뜸 들인다.
5. 식용유 바른 그릇에 4의 떡을 쏟아서 절구로 쳐준다.
6. 사각 틀에 식용유 바른 비닐을 깔고 5의 떡을 넣어 적당히 굳힌다.
7. 도마 위에 고물을 깔고 떡을 평평하게 하여 먹기 좋게 썬 다음 고물을 묻힌다.

◐   찰떡을 찔 때는 베 보자기에 설탕을 한 켜 뿌려주면 떡과 베 보자기에 막이 형성되어 완성 시 서로 잘 분리된다.

우리 몸을 정화하는
도토리인절미

도토리는 최고의 건강식품지지만 옛날에는 우리 조상들을 굶주림으로부터 구해주었던 대표적인 구황식품이었습니다. 조선시대 수령들은 부임하자마자 가장 먼저 도토리를 심어 기근에 대비할 정도였습니다. 지금 우리 주변의 산에 도토리가 흔한 것도 이 때문이라 합니다. 도토리에 들어 있는 아콘산은 중금속이나 유해 물질을 흡수하여 다시 배출하는 작용을 해주기 때문에 우리 몸의 노폐물을 없애주는데 탁월한 효능이 있습니다. 또한 도토리는 수분이 풍부하여 포만감이 크고 지방 흡수율을 낮추어줍니다. 그래서 도토리 인절미는 속도 깨끗하게 해주고, 몸도 관리할 수 있는 떡입니다. 도토리 인절미 이외에도 도토리는 다양한 음식에 활용됩니다. 동의보감에는 피로와 숙취, 설사로 인한 장과 위를 다스리는데 도토리묵 한 가지만 먹어도 치료가 된다고 하였습니다. 또한 빈대떡, 국수, 수제비에도 도토리가 요긴하게 쓰이고 도토리 앙금을 꿀에 재워 만든 도토리다식은 '기침막이 떡'이라 하여 효자 다식이라 알려져 있습니다.

재료	찹쌀가루 1kg, 소금 11g, 도토리 가루 50g, 물 100g, 설탕 50g,
	팥앙금 고물 3컵

만드는 법

1. 찹쌀은 깨끗이 씻어서 5시간 정도 불린 후 체에 건져 물기를 빼고 소금을 넣어 빻는다.
2. 찹쌀가루에 도토리 가루와 물과 설탕을 넣어 섞어준다.
3. 찜기에 베 보자기를 깔고 2를 주먹으로 뭉쳐 사이사이에 놓는다. 25분 쪄준 후 5분 뜸 들인다.
4. 식용유 바른 절구에 3을 주먹으로 뭉쳐 사이사이에 놓는다. 방망이로 쳐준다.
5. 사각 틀에 식용유 바른 비닐을 깔고 4를 넣어 적당히 굳힌다.
6. 도마 위에 고물을 깔고 떡을 평평하게 하여 먹기 좋게 썬 다음 고물을 묻힌다.

◑ 인절미는 방망이로 치댈 때 오래 치대면 더 쫄깃거린다.

몸살도 물리치는
잔대인절미

옛기록에 백가지 독을 푸는 약초는 오직 잔대 뿐이라고 할 정도로 잔대의 해독 효능은 탁월합니다. 약명은 사삼으로 인삼과 같은 사포닌 성분이 암을 예방하고 각종 염증을 막아줍니다.

잔대는 기관지 질환에 좋고 생리불순, 산후풍 등 부인병에도 효과가 좋으며 면역 기능을 높여줍니다. 며칠 동안 죽도록 몸살을 앓았던 지인이 잔대를 넣고 끓인 어죽을 한 그릇 먹고 벌떡 일어났다는 이야기가 생각납니다. 으슬으슬 몸살 기운이 있을 때 잔대 인절미로 기운 내 보세요.

재료　　　　　　찹쌀가루 1kg, 소금 11g, 설탕 50g, 물 100g, 잔대 잎 데친 것 150g, 콩고물 1컵~1과 1/2컵

만드는 법　　　　1. 찹쌀은 깨끗이 씻어서 5시간 정도 불린 후 체에 건져 물기를 빼고 소금을 넣어 빻는다.

2. 찹쌀가루에 잔대 잎 데친 것을 넣어 빻는다.

3. 찜기에 젖은 베 보자기를 깔고 설탕을 살짝 뿌려준 후 2의 재료를 주먹으로 쥐어서 드문드문 놓는다.

4. 김이 오른 찜통에 25분 쪄준 다음 5분 뜸 들인다.

5. 식용유 바른 절구에 4의 떡을 쏟아서 방망이로 쳐준다.

6. 사각 틀에 비닐을 깔고 넣어 적당히 굳힌다.

7. 도마 위에 고물을 깔고 떡을 평평하게 하여 먹기 좋은 크기로 썬 다음 고물을 묻힌다.

◑　　　　　　찹쌀떡은 익으면 탄성이 약해서 퍼지게 된다. 그러면 수증기가 올라오는 구멍이 막혀서 떡이 잘 안 익을 수 있으므로 사이를 비워두면서 가루를 얹어준다. 그러면 김이 잘 올라와서 떡이 잘 익는다.

쫄깃함과 향긋함이 하나로
유자인절미

'탱자는 고와도 개똥밭에 뒹굴고 유자는 얽어도 큰 상에만 오른다'는 말이 있지요. 겉모습은 매끈해도 맛이 없어 대접을 못 받는 탱자와는 달리 유자는 혼인대례상이나 잔치상에만 오르는 귀한 과일이랍니다. 자녀가 탱자 같은 사람이 아닌 유자처럼 고귀한 인품을 지녀 다른 사람에게 귀하게 쓰이고 대접받기를 바라는 부모의 마음을 담고 있는 말입니다.

갓 결혼했을 때 시댁 뒷마당에 유자나무가 두 그루 있었답니다. 금방 딴 유자를 잘게 다져 만들어주신 유자 인절미의 맛은 시어머님을 추억할 때마다 함께 생각납니다.

재료   찹쌀가루 1kg, 소금 11g, 물 100g, 유자청 3T, 유자건지 4T, 설탕 50g, 두텁 고물 2컵 4컵

만드는 법
1. 찹쌀은 깨끗이 씻어서 5시간 정도 불린 후 체에 건져 물기를 빼고 소금을 넣어 빻는다.
2. 찹쌀가루에 물과 설탕을 넣고 잘 섞어준다.
3. 찜기에 베 보자기를 깔고 설탕 한켜를 살짝 뿌려준 후 2의 찹쌀가루를 주먹으로 쥐어서 사이사이에 안친다.
4. 김 오른 찜기에 25분 찐다.
5. 유자건지는 다져준다.
6. 식용유 바른 그릇에 5를 넣어 유자와 유자청을 넣어서 절구로 쳐준다.
7. 사각 틀에 식용유 바른 비닐을 깔고 6을 넣어 적당히 굳힌다.
8. 도마 위에 고물을 깔고 떡을 평평하게 하여 먹기 좋게 썬 다음 고물을 묻힌다.

◑   찹쌀은 약간 쓴 맛이 있으므로 설탕을 조금 넣어주면 쓴맛을 줄일 수 있다.

마땅히 돌아오라는
당귀인절미

당귀當歸는 글자를 풀면 '마땅히 돌아온다'는 뜻입니다. 상추처럼 쌈 채소로도 많이 즐기는 당귀는 잎과 뿌리에서 풍기는 은은한 한약 냄새가 특징인데, 물질대사 및 내분비를 돕고 혈액 순환을 좋게 하여 몸에 활력을 주고 식욕을 촉진시킵니다. 동의보감에서는 이 풀을 먹으면 기혈이 안정되고 제자리로 돌아온다고 하였습니다. 그래서 옛날에는 전쟁에 나가는 남편의 옷 속에 힘들 때 먹고 기운을 차려 꼭 돌아오라고 당귀를 넣어주곤 했습니다. 또한 '남편을 집에 돌아오게 한다'는 의미로도 해석되어 시집가는 신부가 반드시 챙겨가기도 했다고 합니다. 그렇게 당귀는 사람이든 기운이든 '돌아오게 하는' 힘을 갖고 있는 풀입니다. 당귀 인절미는 당귀가 가진 돌아오게 하는 힘과 돌아오기를 바라는 기원을 함께 빚어 낸 떡입니다.

재료   찹쌀가루 1kg, 소금 11g, 당귀 잎 데친 것 45g, 설탕 50g, 콩고물 2컵

만드는 법

1. 찹쌀은 깨끗이 씻어서 5시간 정도 불린 후 체에 건져 물기를 빼고 소금을 넣어 빻는다.
2. 찹쌀가루에 당귀 잎 데친 것을 넣어 한 번 더 방아를 빻는다.
3. 2의 가루에 물과 설탕을 넣고 잘 섞어준다.
4. 찜기에 베 보자기를 깔고 찹쌀가루를 손으로 쥐어서 사이사이 놓고 25분 쪄준 후 5분 뜸 들인다.
5. 식용유 바른 그릇에 4를 넣어 절구로 쳐준다.
6. 사각 틀에 식용유 바른 비닐을 깔고 5를 넣어 적당히 굳힌다.
7. 도마 위에 고물을 깔고 떡을 평평하게 하여 먹기 좋게 썬 다음 고물을 묻힌다.

◑   당귀 잎은 향이 강하므로 많이 넣지 않는다.

5장

떡과 어울리는
전통 음료

보름달을 빚어 만든 떡 음료
원소병

원소병은 음력 정월 보름날 밤에 달을 보며 먹는, 떡으로 만든 화채입니다. 찹쌀가루를 아주 언한 빛으로 색색으로 익반죽하여 경단 모양으로 빚습니다. 이것에 녹말가루를 가볍게 묻혀 끓는 물에 삶아 식힌 다음 화채 그릇에 빛깔을 맞추어 담고 꿀이나 끓인 설탕물 식힌 것을 알맞게 붓고 실백을 띄워 냅니다. 한자를 보면 원소병은 정월 보름날 저녁元宵餠이라는 뜻도 있고 동그랗고 작은 떡圓小餠이라는 뜻도 있습니다. 달고 시원한 국물에 찹쌀떡의 쫀득한 맛과 소로 넣은 새콤달콤한 유자청과 대추가 섭히는 맛이 일품이지요. 원소병은 차가운 음료이지만 찹쌀이 몸을 따뜻하게 해 주고 대추는 환절기 면역력을 높여 주므로 추운 겨울날에도 맞춤 음료입니다.

재료 찹쌀가루 1과 1/2컵, 소금 약간, 딸기 가루 약간, 치자 가루 약간,
말차 가루 약간, 뜨거운 물 3~4T, 녹말가루 2T
소 ● 대추 3개, 유자 껍질 1/4개, 유자청 1T, 계핏가루 약간
시럽 ● 설탕 1컵, 물 5컵, 유자청 4T

만드는 법

1. 찹쌀은 깨끗이 씻어 5시간 불린 후 체에 밭쳐 물기를 뺀 후 소금을 넣어 빻는다.
2. 찹쌀가루에 뜨거운 물로 익반죽한다.
3. 반죽을 3등분 하여 딸기 가루, 치자 가루, 말차 등으로 각각 색을 낸다.
4. 유자 껍질, 대추를 곱게 다져서 유자청과 계핏가루를 넣어서 둥글게 뭉쳐 놓는다.
5. 찹쌀을 떼어 소를 넣어 둥글게 만들어 녹말을 묻혀 놓는다.
6. 끓는 물에 넣어 새알이 떠오르면 2~3분간 두었다가 건진다.
7. 찬물에 헹구어 체에 건져 둔다.
8. 시럽을 끓여서 차게 해 놓는다.
9. 시럽에 새알을 넣는다.

◑ 찹쌀 반죽을 약간 되직하게 해야 빨리 풀리지 않는다.

노랑 유자 향이 피어나는
유자화채

유자 속을 발라내어 곱게 다지고 유자 껍질은 정성껏 흰 부분과 노란 부분을 분리하여 얌전하게 채 썰고, 역시 채를 썬 배와 유리그릇에 돌려 담고 꿀물을 붓습니다. 살포시 얹은 석류알이 보석처럼 아름다운 화채입니다. 유자화채는 만들어 차게 해 두었다가 나중에 먹으면 유자의 달고 싱그러우며 새콤한 맛이 우러나와 더 맛있습니다.

재료
유자 1개, 배 1/2개, 석류알 약간, 잣 약간

화채 국물 ● 물 5컵, 설탕 1컵, 유자청 2T

만드는 법
1. 유자는 껍질째 깨끗이 씻는다. 이때 식초 물에 잠시 담가 두었다가 씻는다.
2. 유자를 4등분 하여 껍질을 흰 부분과 노란 부분을 포 뜨기 한 다음 따로 가늘게 채 썬다.
3. 배는 껍질을 벗겨 곱게 채 썬다.
4. 화채 국물을 끓여서 식혀둔다.
5. 배 채와 유자 껍질 채를 예쁘게 담고 위에 석류 알을 넣어 그릇에 예쁘게 담아 화채 국물을 부어 놓는다.
6. 잣을 띄워낸다.

◐ 유자는 11월 말 쯤 서리 두 번 맞은 걸로 해야 맛과 향이 뛰어 난다.
◐ 유자화채에 국물을 넣어서 랩을 씌워 잠시 두면 유자 향을 더 느낄 수 있다.

오미자 물 위의 투명한 보석
보리수단

보리쌀알을 찬 오미자 국물에 띄운 화채 요리로 음력 6월 보름인 유두에 먹는 명절 음식이지요. 동쪽으로 흐르는 물에 머리를 감으며 그 해의 풍년과 안녕을 바라는 유두절에는 수단 이외에도 밀전병과 갓 수확한 밀로 만든 유두면, 거피팥소를 넣은 밀떡인 상화병도 먹는답니다. 보리수단은 통보리를 푹 삶은 뒤 녹두 녹말가루를 입혀 끓는 물에 데친 후 찬물에 헹구는 과정을 여러 번 반복합니다. 통통하게 옷을 입은 보리쌀알이 붉은 오미자 국물에 떠 있는 자태는 마치 투명한 보석처럼 느껴집니다. 오미자 물 위에 통통하게 불은 보리가 마치 경단처럼 떠 있다고 하여 물 위의 경단, 수단이라고 부릅니다.

재료 삶은 보리쌀 1/2컵, 오미자 우린 물 4T, 녹말 1/2컵, 물 6컵, 꿀 1컵, 설탕3T

만드는 법

1. 보리쌀을 충분히 불린다.
2. 불린 보리쌀을 푹 삶는다.
3. 삶은 보리쌀을 찬물에 여러 번 헹구어 녹말가루를 뺀 후 체에 건져 물기를 뺀다.
4. 오미자 국물에 10분 정도 3을 담가두면 분홍색 물이 든다.
5. 넓은 접시에 녹말을 펴서 4의 보리쌀을 굴려 녹말을 묻힌 후 체에 담아 손으로 탁탁 쳐서 여분의 가루를 털어낸다.
6. 끓는 물에 5의 보리쌀을 넣고 겉에 묻은 녹말이 투명해지면 건져서 찬물에 헹구어 물기를 뺀다.
7. 물기가 빠지면 다시 녹말가루를 묻혀 여분의 가루를 털어내고 끓는 물에 삶아 물기를 뺀다.
8. 국물은 끓여서 차게 식혀둔다.
9. 국물에 7을 넣어 잣을 띄워낸다.

● 국물 만들기
물에 설탕을 넣어 끓인 후 꿀을 타서 녹인 후 냉장 보관한다.

◑ 오미자 국물에 보리수단을 넣어 먹어도 맛이 훌륭하다.

백 가지 명약보다 몸에 좋은
대추차

여러 시간 동안 푹 고아낸 대추를 체에 걸러 씨와 겉껍질을 걷어내고 다시 달여 주는 것이 세 비법이지요. 죽과 같은 농도가 날 때까지 졸여주는 과정에서 깊은 맛도 나고 색도 더 예뻐집니다. 좋은 꿀로 간을 하여 한 그릇 마시면 보약이 따로 없습니다. 백 가지 이로운 과일이라 하여 백익홍이라고도 부르는 대추에는 놀랄 만큼 많은 효능이 있지요. 대추는 성질이 따뜻하여 몸을 덥혀주고, 몸 속의 해로운 물질들을 몸 밖으로 내보냅니다. 몸에 피를 잘 돌게 하고 마음도 편안하게 해주어서 천연수면제라고 불릴 정도입니다. 이렇게 지친 몸을 빠르게 회복시키고 면역력을 높여주니, 백 가지 명약보다 대추차라는 말이 과한 말이 아닌 듯합니다.

재료　　　　　대추 1kg, 물 대추의 5배 정도

만드는 법
1. 대추는 미지근한 물에 담가 주름이 펴지면 깨끗이 씻는다.
2. 대추에 5배 정도 물을 붓고 오랜 시간 끓인다. 물이 부족하면 보충해 주면서 대추가 터질 정도로 오래 끓인다,
3. 체에 밭쳐 걸러준다.
4. 껍질과 씨만 발라 버린다.
5. 걸러낸 대추 속을 냄비에 넣고 저어 주면서 걸죽하게 졸여준다.

◖　　　　　대추차는 걸러서 약간 졸여 주어야 빛깔이 훨씬 곱고 맛이 진하다.

잣과 호두로 만든 건강 한 사발
봉수탕

봉황처럼 고귀하게 오래 살라는 뜻이 담긴 봉수탕鳳髓湯은 속껍질을 벗겨낸 호두와 잣을 곱게 다져서 꿀에 재운 후에 끓는 물에 타서 마시는 음료입니다. 봉수탕에는 호두와 잣과 꿀이 어우러지는데, 호두, 잣, 꿀이 모두 우리 몸에 요긴한 역할을 합니다. 주재료인 호두는 신장을 보호하고 폐를 따뜻하게 하여 기침 천식을 멎게 하고 장을 부드럽게 해줍니다. 잣은 마음을 안정하게 하고 정신을 맑게 하며, 장을 부드럽게 해줍니다. 특히 잣은 고칼로리 식품으로 성장발육을 돕고 체력을 증진시켜주고, 두뇌 발달에도 도움을 줍니다. 꿀은 건조한 것을 촉촉하게 하고 통증을 다스립니다.

재료　　　　　잣 20g, 호두 40g, 꿀 100g

만드는 법
1. 잣은 고깔 떼고 깨끗이 닦아준다.
2. 호두는 끓는 물에 한 개씩 넣었다 건져서 요지로 속껍질을 벗긴다.
3. 잣과 호두를 갈아준 후 거칠면 방망이로 빻는다.
4. 3의 꿀을 섞어 병에 담아둔다.
5. 뜨거운 물 한 컵에 4를 3~4 숟가락 정도 넣어 잘 섞어 마신다.

◑ 호두와 잣을 치즈 가는 기계로 갈면 손쉽게 할 수 있다.
◑ 호두 껍질 깔 때 끓는 물에 많이 넣으면 호두 맛이 빠지므로 한 개씩 넣었다 속껍질을 벗겨 준다.

눈처럼 하얀 맛
배숙

배숙은 배를 먹기 좋은 크기로 갈라 가장자리를 예쁘게 다듬은 뒤, 배의 등 쪽에 통후추 3개를 깊숙이 박아 멋을 냅니다. 생강을 얇게 저며 넣고 꿀물을 끓이다가 준비한 배를 넣고 끓인 뒤에 충분히 식으면 화채 그릇에 담아 유자즙을 넣고 잣을 띄워 냅니다. 배에 박힌 까만 통후추가 예뻐서 눈도 즐겁고 맛도 돋우는 멋스럽고 시원한 음료입니다. 곶감 대신 배를 넣었다 하여 배수정과라고도 하고 익힌 배라 하여 이숙梨熟, 작은 배를 통째로 후추를 박아서 끓인 것은 향설고香雪膏라고 합니다. 배숙은 매우 귀한 음료로 조선시대에는 민간에서는 구경조차 할 수 없었고 궁중에서만 볼 수 있었지요. 우리 선조들은 배꽃도 좋아했는데, 선비 문화에서는 화려함 보다는 청초한 흰색을 더 좋아하였기 때문입니다.

재료	생강 50g, 물 10컵, 배 1/2개, 통후추 약간, 설탕 3/4컵, 잣 1T

만드는 법	1. 생강은 껍질 벗겨 저민다.
	2. 생강에 물을 부어 약불에서 40분 정도 끓인 다음 면포에 거른다.
	3. 배는 껍질 벗겨서 8등분 한 후 옆모서리를 다듬어준다.
	4. 배의 등 쪽에 통 후추를 3개 정도 박아준다.
	5. 생강 끓인 물에 배를 넣고 끓인다.
	6. 배가 익으면 차게 식혀 그릇에 담고 잣을 띄워 낸다.

◐ 배는 작은 크기로 하는 것이 더 편리하다.

호반새 울음을 음미하는
오미자화채

다섯 가지 맛이 나는 오미자차는 단맛, 쓴맛, 신맛, 매운맛, 떫은맛을 내는 오묘함 만큼이나 그 빛깔이 보석처럼 영롱하고 투명합니다. 오미자는 뜨거운 물에 우리면 신맛과 떫은 맛이 강해지므로 미지근한 물에 천천히 우려내어 봄 여름에 냉차로 마시는 것이 좋습니다.

이번에 책을 내면서 대전의 동춘당에서 상당 부분을 촬영하였는데요. 이 건물은 효종 때 병조판서를 지낸 송준길宋浚吉의 호를 따서 건축한 별당입니다. 세상 만물을 봄과 함께 한다는 뜻이라 합니다. 세자의 스승이었던 송준길이 세상을 떠나자 나라에서는 문정이라는 시호를 내렸습니다. 그 시호를 들고 종가를 찾는 대신들에게 오미자차를 올렸다고 합니다.

재료   오미자 1컵+물 4컵, 설탕 2컵+물 6컵, 배 1/2개, 잣 1T, 설탕물 약간

만드는 법
1. 오미자는 깨끗이 씻어 소쿠리에 건진다.
2. 물 4컵을 끓여 식힌 다음 40도 정도가 되면 1의 오미자를 담가 12시간 정도 우려낸다.
3. 설탕과 물을 끓여 식혀둔다.
4. 2의 오미자 국물을 베 보자기 깔고 걸러준다.
5. 3과 4를 합하여 냉장 보관한다.
6. 배는 예쁜 모양으로 찍어서 설탕물에 담갔다 오미자 국물 위에 띄운다.

◑   오미자는 뜨거운 물에 우려내면 떫은맛이 강하므로 40도 온도에 우려낸다.

흩어진 기운을 모아주는
제호탕

매실을 불에 구워 말린 오매육, 은은한 향기가 정신을 맑게 해주는 백단향, 생강과 열매로 속을 따뜻하게 해주는 초과, 소화기의 막힘을 뚫어주는 사인을 곱게 갈아 꿀과 함께 중탕으로 걸쭉하게 제호고를 만듭니다. 항아리에 담아 보관하고 여름에 얼음물에 타서 마시면 위와 장을 튼튼하게 하고 갈증을 풀어주며 설사를 멎게 합니다.

단옷날 궁중 내의원에서 제호탕을 올리면 임금은 나이든 신하들이 더운 여름을 잘 나기를 기원하면서 기로소에 이를 하사하였다고 합니다. 기로소耆老所는 일흔 살이 넘은 문관 정2품 이상 되는 고위 문신들의 친목 및 예우를 위해 설치된 관서로 그곳에 들어가는 것이 관리로서는 더없는 영예였지요. 지금의 교보문고 자리가 기로소 터였다고 합니다.

재료   오매육 600g, 축사인 20g, 백단향 15g, 초과 40g, 꿀 3kg

만드는 법

1. 오매육, 초과, 백단향, 사인을 각각 곱게 빻는다.
2. 1의 재료를 꿀과 섞는다.
3. 10~12시간 중탕한다.
4. 완성되면 항아리에 담아 냉장 보관한다.
5. 냉수에 타서 마신다.

◐ 취향에 따라 꿀을 넣어서 마신다.

◐ 중탕을 하지 않고 직화를 하게 되면 꿀이 끓어 올라 어렵고 꿀이 타기도 한다.

산여울 소리 부르는
송화밀수

한여름 더위를 식히기 위해 꿀물에 송홧가루를 타서 잣을 띄운 궁중 음료입니다. 송화는 맛이 달고 성질이 따뜻하여 기운을 북돋아 주고 풍과 습을 없애주지요. 이른 봄 새순에서 채취하는 송홧가루가 최고인데요. 만드는 정성이 보통이 아닙니다. 공해가 없는 깊은 산속에서 가루가 흩어질까 조심조심 따온 송화송이를 맑은 물에 조물조물하면 샛노란 송홧가루가 물 위로 예쁘게 뜨지요.

물 위의 송홧가루 층을 걷어서 한지 위에 펼치고 3일 이상 말린 후에 고운 체에 밭칩니다. 정신이 아득해 질 정도로 고운 노란 색을 보면 김병종 화백의 작품 송화분분이 생각납니다.

재료　　　　　송홧가루 2T, 물 2컵, 꿀 2T

만드는 법　　　1. 물에 꿀을 넣어 잘 섞어준다.

　　　　　　　　2. 1의 물에 송화가루 넣어서 잘 풀어준다.

　　　　　　　　3. 냉장고에 넣었다 시원하게 마신다.

◑　　　　　　　취향에 따라 송홧가루 양을 조절하면 된다.

달콤 향긋한 전통 음료
수정과

정월 설 무렵 바깥에 두어 살짝 언 살얼음 속에서 건져 먹던 부드럽고 달콤한 곶감이 생각납니다. 살얼음 식혜와 더불어 겨울을 대표하는 음료이지요. 수정과는 가을에 곶감이 만들어지는 때부터 정이월(음력2월)까지 마시는 음료로 〈규곤요람〉에는 '2~3월에는 진달래꽃 화채 4~5월에는 앵두 화채 6~7월에는 복숭아 화채요 8~9월에는 식혜에 국화 띄어 놓고 동지섣달은 배숙이요, 정이월은 수정과'라고 기록되어 있습니다.

생강과 계피는 따로 달여 나중에 섞어야 그 풍미를 각각 느낄 수 있고요 곶감도 불려서 따로 두었다가 먹기 직전에 띄워야 국물이 탁해지지 않습니다.

재료　　　　　　　　생강 120g, 통계피 80g, 물 20컵, 황설탕 2~3컵, 곶감 5개, 잣 2T

만드는 법
1. 통계피는 솔로 문질러 깨끗이 씻는다.
2. 생강은 껍질을 벗겨 얇게 저민다.
3. 곶감을 꼭지 떼고 8등분 하여 모양낸다.
4. 계피와 생강을 40분 정도 각각 따로 끓인다.
5. 따로 끓인 계피 물과 생강을 합하여 황설탕을 넣고 10분 정도 끓인다.
6. 손질하여 모양낸 곶감은 먹기 30분 전에 수정과에 넣는다.
7. 잣을 띄운다.

◗　　계피는 물에 담가두면 향이 빠지므로 바로 씻어 건진다.

◗　　계피와 생강을 따로 끓인 후 합해야 제맛을 느낄 수 있다.

6장

응원의 마음을 꽃으로 빚은
축하떡

가을의 품격
단호박설기 + 국화 축하떡

포슬포슬 폭신하게 부서지는 노란 단호박 설기 위에 샛노란 국화를 흩뿌려 가을 향기를 물씬 풍겨보았습니다. 같은 색의 조화가 세련된 아름다움을 느끼게 하는 축하떡입니다. 가을꽃 국화는 겨울이 오기 전, 가을을 마지막까지 지키는 꽃입니다. 또한 벼슬을 버리고 고향으로 돌아간 시인 도연명이 가장 사랑한 꽃으로, 도연명을 떠올리게 되는 국화를 고상하고 군자의 품격을 지닌 꽃으로도 여깁니다. 중남미 박물관을 설립하고 나라에 기증한, 군자처럼 한 평생을 산 설립자 부부의 구순을 맞이하여 마음으로 빚어드렸던 떡입니다.

재료   멥쌀가루 1kg, 소금 11g, 찐 단호박 140g, 물 100g, 설탕 110g

만드는 법

1. 멥쌀은 깨끗이 씻어 6시간 불려서 물기를 빼고 소금을 넣어 빻는다.
2. 호박은 쪄서 껍질을 벗겨 멥쌀과 섞어서 손으로 비벼 잘 섞어준 후 체에 내린다. 이때 물을 넣어가면서 수분을 조절해준다.
3. 2의 가루에 설탕을 넣어 잘 섞어준다.
4. 찜기에 베 보자기를 깔고 2의 가루를 넣어 평평하게 만든다.
5. 김이 오른 찜기에 25분 정도 찐 후 5분 정도 뜸 들인다.

◑   떡의 단면을 깨끗하게 하려면 틀의 옆면에 기름을 발라주면 깨끗이 쪄진다.

영원토록 변하지 않는 사랑
자색고구마설기 + 무궁화 축하떡

일제 강점기에 우리 조상들은 나라 사랑하는 마음을 무궁화 떡살에 새겼습니다. 피고 지고 또 피는 무궁화를 닮아 우리 민족이 영원하기를 소망하였습니다. 무궁화는 여름날 뜨거운 태양 아래 백일 동안 매일 꽃을 피워낸다고 합니다. 끊임없이 피고 지어 한 그루에 2~3천 송이의 꽃을 피운답니다. 우리 조상들이 나라를 사랑하는 마음을 무궁화 떡살에 새겼듯이 고구마설기 위에 무궁화의 끈기와 강인한 생명력 그리고 번영에의 희망을 얹어보았습니다. 나라를 되찾은 지는 이미 오래되었고, '삼천리 무궁화강산'도 실감이 덜할 만큼 많이 발전하였지만, 친구의 아들이 군대에 가게 되었을 때 '나라를 지키는' 시간과 의미를 생각하기를 바라며, 격려의 의미로 빚었던 떡입니다.

재료	멥쌀 1kg. 소금 11g. 물 1/2컵, 자색고구마 80g, 설탕 110g

만드는 법

1. 멥쌀을 깨끗이 씻어 6시간 불려서 물기를 빼고 소금을 넣어 빻는다.
2. 자색 고구마는 쪄서 껍질을 벗겨 멥쌀에 넣어 손으로 비벼 섞은 후 체에 내린다. 이때 양을 조절하여 물을 넣어준다.
3. 2에 설탕을 넣어 잘 섞어 준 후 체에 한 번 더 내려준다.
4. 찜기에 젖은 베 보자기를 깔고 가루를 넣어 평평하게 만든다.
5. 김이 오른 찜기에 25분 정도 찐 후 5분간 뜸 들인다.

◑ 자색고구마는 제철에 나올 때 쪄서 냉동 보관 후 사용하면 편리하다.
◑ 자색고구마는 색이 진해서 많이 넣으면 식감이 떨어질 우려가 있으므로 적당히 넣는다.

함초롬히 맑은 얼굴을 담아낸
보리순설기 + 연꽃 축하떡

연꽃을 떡으로 빚게 된 계기는 '수덕사 대웅전 건립 700주년 기념 대법회'였습니다. 700년이라는, 가늠하기도 어려운 수덕사의 세월을 어떻게 축하할까 고민하다가 떡으로 빚은 연꽃 700송이를 올렸습니다. 수덕사의 700년을 정성으로 표현하기 위해 '7'이라는 숫자에 의미를 두고, 7m에 이르는 축하떡을 7명이, 7일 동안 만들었던 기억이 있습니다. 연꽃은 딸기와 오미자를 사용하여 연꽃 특유의 은은한 분홍빛을 냈으며 쑥과 말차를 이용 녹색의 연잎을 빚었습니다. 연꽃떡은 이렇게 각별한 떡이라 사랑하는 딸이 시험에 합격하여 자기 길을 걸어가게 되었을 때, 오래 걸어도 멀리 걸어도 군자처럼 걸어가기를 바라는 마음으로 보리순 설기 위에 연꽃을 피워 빚었습니다.

재료   멥쌀가루 1kg, 소금 11g, 물 3/4컵, 설탕 110g,

                      보리순 가루 4T+물 2T, 청태 콩고물 1T

만드는 법

1. 멥쌀을 깨끗이 씻어서 5시간 정도 불린 후 체에 받쳐서 물기를 제거하고 소금을 넣어 빻는다.
2. 1은 체에 내려준다.
3. 2의 멥쌀가루에 보리순 가루와 청태 콩가루를 잘 섞어준 후 물을 넣어 손으로 비벼서 잘 섞어준 후 체에 내린 다음 설탕을 섞어준다.
4. 찜기에 젖은 베 보자기를 깔고 3의 재료를 안치고 위를 평평하게 한다.
5. 김이 오른 찜통에 25분 정도 찐 다음 불 끄고 5분 정도 뜸 들인다.

◑   떡을 찔 때 설탕은 언제나 가루를 시루에 안치기 바로 전에 섞어 주어야 한다. 미리 설탕을 넣어서 놔두면 설탕이 녹아서 부분부분 멍울이 생긴다.

태양을 향한 찬가
망고설기 + 해바라기 축하떡

노란 망고설기 위에 얹은 해바라기를 보면 태양의 화가 고흐가 떠오릅니다. 고흐는 햇빛이 쏟아지는 남프랑스의 아를로 이사한 후에 작은 집을 빌려 온통 노란색으로 페인트를 칠하고 해바라기를 그린 그림으로 장식하였습니다. 이글거리는 태양을 닮은 고흐의 해바라기는 그에게 태양의 화가라는 호칭을 안겨준 중요한 작품입니다. 고흐는 동생 테오에게 보내는 편지에서 꽃병에 꽂힌 열두 송이의 해바라기에 대해 "이것은 환한 바탕으로 가장 멋진 그림이 될 것이라 기대한다"고 했을 만큼, 반 고흐에게 노랑은 무엇보다 희망을 의미하며 그가 당시에 느꼈던 기쁨과 설렘을 반영하는 색입니다. 희망, 기쁨, 설렘, 이런 감정들을 한껏 느끼게 되는 날은 새로운 집으로 이사하는 날일 것입니다. 고흐가 남프랑스로 이사한 후에 느낀 강렬한 태양의 기운을 담아, 새로운 살림을 시작하는 아들 부부의 희망과 설렘의 의미로 노란색의 해바라기 축하떡을 빚었습니다.

재료　　　　멥쌀 1kg, 소금 11g, 설탕 60g, 망고 100g+물 1/2컵

만드는 법
1. 멥쌀은 6시간 이상 불려서 채에 건져서 물기를 뺀 후 소금 넣어 빻는다.
2. 망고를 믹서에 물을 넣고 갈아준다.
3. 1의 멥쌀가루에 2를 넣어 손으로 비벼서 잘 섞어준 후 체에 내린 다음 설탕을 섞어준다.
4. 찜기에 젖은 베 보자기를 깔고 3을 안치고 평평하게 한다.
5. 김 오른 찜통에 25분 찐 후 5분 뜸 들인다.

◑　　　　망고는 후숙 과일이므로 딱딱하게 느껴지면 30도 정도의 실온에 두어야 된다.

선비의 정신을 닮은
대추편 + 매화 축하떡

귀하게 키운 아들 딸들도 살다 보면 만만치 않은 세상의 도전들을 만나게 됩니다. 봄은 멀고 겨울은 끝나지 않을 것 같을 때에도 자존감을 지키면서 꿋꿋하게 추위를 이겨내기를 응원하는 마음으로 언 땅에서도 꽃을 피우는 매화를 대추고편에 얹어서 축하떡을 만들었습니다. 보고도 안 먹으면 늙는다는 말이 있을 정도로 몸에 좋은 성분이 풍부한 대추를 충분히 고아서 깊고 진한 맛이 스며들게 합니다. 대추는 꽃이 피면 헛 꽃이 없이 거의 열매를 맺는다 하여 종족 보존과 다산을 상징하고, 가장 늦게 꽃이 피지만 가장 먼저 열매를 맺는다 하여 결혼은 늦게 하더라도 자식은 빨리 본다는 의미도 있습니다. 위에 얹은 매화의 꽃말은 기품과 품격입니다. 서리와 눈을 두려워하지 않고 언 땅 위에 꽃을 피워 가장 먼저 봄을 알려주는 매화의 맑은 향기는 불의에 굴하지 않는 선비 정신을 닮았다고 여겨져서, 소나무, 대나무와 함께 겨울을 견뎌내는 세한삼우歲寒三友로 여깁니다. 이처럼 고결한 매화는 네 가지의 귀함이 있는데, 함부로 번성하지 않고 희소한 것이 첫 번째 귀함이요, 어린 나무가 아니고 늙은 나무 모습이 두 번째 귀함이고, 나무가 두텁지 않고 홀쭉한 마름이 세 번째 귀함이고, 오므린 꽃봉우리가 네 번째 귀함이라 하였습니다.

재료   멥쌀가루 1kg, 대추고 1컵~1과 1/2컵, 꿀 3T, 소금 11g, 설탕 50g

만드는 법
1. 멥쌀을 깨끗이 씻어서 5시간 정도 불린 후 체에 밭쳐서 물기를 제거하고 소금을 넣어 빻는다.
2. 1의 가루에 대추고와 꿀을 넣어 손으로 잘 비벼서 잘 섞어준 후 체에 내린 다음 설탕을 섞어준다.
3. 찜기에 젖은 베 보자기를 깔고 떡가루를 넣어 평평하게 해준다.
4. 김이 오른 찜통에 25분 정도 찐 후에 5분 정도 뜸 들인다.

● **대추고 만들기**

1. 대추를 깨끗이 씻어 대추양의 5배의 양을 부어서 오랜 시간 끓인다.
   끓이면서 물이 부족하면 보충해준다.

2. 대추가 터질 정도로 삶아준다.

3. 체에 밭쳐서 걸러준다.

4. 걸러진 대추 속을 냄비에 넣고 저어가며 졸여준다
   (농도는 죽 정도의 상태가 될 때까지 졸여준다)

대추고는 만들어서 오래 조려주면 빛깔이 훨씬 곱다.

싱그럽고 새초롬한
백설기 + 산딸꽃 축하떡

산딸나무는 열매 모양이 산딸기와 비슷해서 붙여진 이름입니다. 가을에 새빨간 열매가 열리며, 맛도 좋아 새들이 즐겨 찾습니다. 작은 가지 끝에 꽃들이 수십 송이씩 무리 지어 피어납니다. 산딸나무의 꽃은 말려서 차로 즐기고 열매는 매실청 만들 듯이 설탕에 재워 발효 액을 만들어 먹으면 좋습니다. 산딸나무 꽃은 네 장의 흰 꽃잎이 십자가 모양으로 나오기 때문에 꽃을 바라보고 있으면 경건한 마음이 드는 꽃입니다. 그래서 종교지도자분께 드리는 떡을 빚으며 산딸꽃을 얹어 성스러움을 표현하였습니다. 백설기로 축하떡을 만들고, 하얀 백설기와 하얀 산딸꽃이 서로 돋보이도록 설기와 꽃 사이에 쑥으로 색을 낸 나뭇잎 모양 절편을 받쳤습니다.

재료	멥쌀 1kg, 소금 11g, 꿀 3T, 물 3/4컵, 설탕 70g, 거피 팥가루 50g

만드는 법

1. 멥쌀을 깨끗이 씻어서 5시간 정도 불린 후 체에 밭쳐서 물기를 제거하고 소금을 넣어 빻는다.
2. 멥쌀가루에 거피 팥가루 물과 꿀을 넣어 손으로 비벼서 잘 섞어준다.
3. 체에 내려준다.
4. 찜기에 시루 밑을 깔고 3을 평평하게 해준다.
5. 김이 오른 찜통에 25분 정도 찌고 5분간 뜸 들인다.

◐ 팥류는 팽창하는 성질을 가지고 있어서 쌀가루에 거피 팥이 섞이면 스펀지처럼 부푸는 효과를 볼 수 있다.

행운을 빕니다
파프리카설기 + 클로버 축하떡

클로버 축하떡은 응원의 떡입니다. 누구나 행운을 원하지만 특히 시합에 나가는 운동선수들에게 필요한 행운과 응원을 담았습니다. 그래서 파프리카로 설기를 만들고 그 위에 행운을 비는 클로버를 얹었습니다. 시합을 앞두고 긴장한 운동선수들에게, 그리고 행운이 필요한 모든 사람들에게 클로버가 든든한 응원이 되기를 바라는 마음입니다. 파프리카는 열을 가해도 색이 변하지 않는 특징이 있어 음식을 만들 때 아름다운 색상을 연출할 수 있습니다. 우리나라에는 피망을 개량한 작물이 파프리카라는 이름으로 들어왔기 때문에 피망과 파프리카를 다른 것으로 구분하지만 실제로 유럽에서는 모든 고추를 파프리카라고 합니다. 파프리카는 단맛에서부터 매운 맛까지 종류가 다양한데, 광택이 나고 과육이 두꺼우며 탄탄한 것이 싱싱합니다. 질 좋은 파프리카는 진홍색을 띠고 가벼운 과일 향이 납니다.

재료	멥쌀 1kg, 붉은색 파프리카 2개, 물 3/4컵, 소금 11g, 설탕 90g, 땅콩 다진 것 100g

만드는 법	1. 멥쌀을 깨끗이 씻어서 5시간 정도 불린 후 체에 밭쳐서 물기를 제거하고 소금을 넣어 빻는다.
	2. 1의 믹서에 갈아둔 파프리카 물을 넣어 손으로 비벼서 잘 섞은 후 체에 내린다.
	3. 2의 재료에 땅콩 다진 것을 넣어서 잘 섞어준 다음 설탕을 넣어 섞어준다.
	4. 찜기에 젖은 보자기를 깔고 3의 가루를 넣어 평평하게 해준다.
	5. 김 오른 찜통에 25분 찐 후 5분간 뜸 들인다.

◐ 붉은색 파프리카는 떡을 하면 주황색이 난다.

◐ 파프리카는 열을 가해도 색이 잘 변하지 않아 색감이 뛰어나다.

◐ 축하떡을 찔 때는 땅콩을 겉면에 보이지 않게 안쪽으로 넣어서 찌면 겉면이 깔끔하다.

수줍은 여승의 고깔
도라지설기 + 도라지꽃 축하떡

약효가 좋은 도라지설기 위에 흰색 보라색 도라지꽃을 피워 쌀쌀한 가을날 어른들께 선물하면 좋아
하시지요. 쌉쌀한 도라지에 달콤한 배를 넣고 달여 만든 도라지 배즙과 함께 내면 더할 수 없는 궁합
입니다. 어른들의 기침에도 좋고, 열도 잘 다스려주는 도라지를 설기 위에 꽃으로 빚으면 그 모습도
참 단아합니다. 영국의 낭만파 시인 키이츠는 도라지꽃을 '속세에 미련을 버리지 못한 미모의 여승
같다'고 비유했지요. 수줍은 듯 신비한 꽃의 자태 수녀나 여승이 쓰는 고깔로 보았나봅니다. '종모양
의 푸른 꽃이 줄기 끝에 꼭 하나 달리어 고요히 고립을 지키고 그 모습은 마치 적막공산에서 여승이
홀로 서 있는 듯하다'고 문일평 저술가는 말했지요. 도라지꽃을 보는 다른 시대 동서양의 시각이 비
슷함이 매우 신기합니다.

재료 멥쌀가루 1kg, 소금 11g, 물 3/4컵, 설탕 110g, 체리 가루 1/2T

만드는 법
1. 멥쌀을 깨끗이 씻어서 5시간 정도 불린 후 체에 밭쳐서 물기를 제거
   하고 소금을 넣어 빻는다.
2. 1의 멥쌀가루를 체에 내린다.
3. 2의 가루에 체리 가루와 물을 넣어 손으로 비벼서 잘 섞은 후 체에 내
   린다.
4. 3의 가루에 설탕을 넣어 잘 섞어준다.
5. 찜기에 젖은 보자기를 깔고 4를 넣어 평평하게 한다.
6. 김이 오른 찜통에 25분 정도 찐 다음 불 끄고 5분 정도 뜸 들인다.

◖ 체리 가루는 색이 조금만 넣어도 진하게 나오므로 조금씩 넣어가면서 색
   깔을 조절한다.

쌉싸름 달콤한 삶의 향기
커피설기 + 초록꽃 축하떡

커피 사랑이 유별난 남편을 위한 떡입니다. 커피로 색을 낸 설기 위에 초록 꽃을 장식해 보았습니다. 우리나라에 커피가 전해진 것은 서양의 선교사와 외교관들이 조선에 들어오면서부터라고 합니다. 고종은 러시아 공사관에 머무는 동안 처음으로 커피를 맛보았는데, 쌉쌀하면서도 향긋하고 고소한 커피의 맛은 참으로 오묘하여 고종의 입맛을 사로잡았답니다. 고종은 경운궁으로 돌아온 뒤에도 경운궁 안에 서양식 건물인 정관헌을 짓고 서양 음악을 들으며 커피를 마시곤 했다고 전해집니다. 커피는 '가비차'나 '가배차'라고 불렸는데, 커피의 색이 검고 맛이 써서 꼭 탕약 같다며 '서양의 탕국'이라는 뜻의 '양탕국'이라고 불리기도 했습니다. 커피설기 초록꽃떡에 진한 커피 한 잔을 곁들이면, 고종이 느꼈던 그 쌉쌀하고도 고소한 커피의 맛이 살아나겠지요.

재료 멥쌀가루 1kg, 소금 11g, 설탕 110g, 물 3/4컵, 커피 3T,
아몬드 다진 것 100g

만드는 법
1. 멥쌀을 깨끗이 씻어서 5시간 정도 불린 후 체에 건져 물기를 빼고 소금을 넣어 빻는다.
2. 1의 멥쌀가루에 커피를 물에 타서 넣어 손으로 비벼서 잘 섞은 후 체에 내린다.
3. 2의 재료에 아몬드 가루와 설탕을 넣어 잘 섞어준다.
4. 찜기에 베 보자기를 깔고 3의 재료를 넣어 평평하게 한다.
5. 김 오른 찜통에 얹어 25분 정도 찐 후 5분 정도 뜸 들인다.

◐ 커피는 취향에 맞는 것을 넣으면 된다.
◐ 나무 찜기에 떡을 찔 때는 가루가 나무에 닿는 면이 수분을 흡수하여 떡이 마르게 되므로 찜기에 물기를 살짝 주고 가루를 넣으면 마르지 않고 잘 쪄진다.

흑임자 설기 위에 피어난 합창 소리
흑임자설기 + 수선화 축하떡

검은색의 흑임자 설기 위에 새하얀 수선화 무리를 수놓아 보았습니다. 한 무리를 지어 피어난 수선화는 모여 피어서 더 아름다운 꽃이지요. 수선화에는 그리스 신화 이야기 중의 미소년 나르시소스 이야기가 전해져 오고 있습니다. 온갖 숲의 여신들이 모두 그를 사랑하였지만 나르시소스는 다 무시하였지요. 나르시소스에게 거절당한 숲의 요정 중 한 명이 복수의 여신 네메시스에게 그도 같은 슬픔을 느끼게 해 달라고 부탁을 하였습니다. 저주를 받은 나르시소스는 물에 비친 자기 자신과 사랑에 빠지게 되고 결국 호수에 빠져 죽고 마는데, 그 자리에서 피어난 꽃이 수선화입니다. 유럽의 새파란 잔디 위에 피어난 노란 수선화도 예쁘고, 검은 흑임자설기 위에 핀 흰색 수선화도 아름답습니다. 자신의 아름다움을 사랑하고, 무리지어 피어서 더 아름다운 수선화꽃떡은 모처럼 모이는 동창회를 축하하기에 어울리는 축하떡입니다. 흑임자설기 수선화 축하꽃떡을 놓고 둘러앉아 나누는 이야기를 상상하면 떡을 빚는 시간도 즐겁습니다.

재료	멥쌀 1kg, 소금 11g, 물 3/4컵, 흑임자 가루 7T

만드는 법

1. 멥쌀을 5시간 이상 불려서 체에 건져 물기를 뺀 후 소금 넣어 빻는다.
2. 멥쌀가루에 물을 주어 손으로 비벼서 잘 섞은 후 체에 내린 다음 흑임자 가루를 넣어 잘 섞어 준다.
3. 찜기에 젖은 베 보자기를 깔고 2의 가루를 안친 후 평평하게 한다.
4. 김이 오른 찜통에 얹어 25분 정도 찐 후 불 끄고 5분간 뜸 들인다.
5. 접시에 예쁘게 담는다.

◑ 흑임자는 깨끗이 씻어서 바로 볶아준다. 만약 흑임자를 말려서 볶으면 타 버린다.

◑ 톡톡 튀기는 소리가 나면 손으로 비벼보아 으깨지면 다 볶아진 것이므로 꺼내서 분쇄기에 갈아준다.

새초롬한 미소
흑미설기 + 앵두꽃 축하떡

앵두꽃 축하떡은 흑미설기 위에 앵두꽃을 올린 것입니다. 흰색의 자그마한 꽃인 앵두꽃은 꾀꼬리가 즐겨 먹고, 모양은 복숭아를 닮았다고 해서 꾀꼬리 앵櫻과 복숭아 도桃를 붙여서 '앵도'라고 불렀다고 합니다. 앵두꽃에는 미인과 효심에 대한 이야기가 전해집니다. 우리가 미인을 표현할 때 흔히 '앵두 같은 입술'이라고 말하지요. 옛날에는 하얀 이와 붉은 입술을 미인의 조건으로 여겼는데, 붉은 입술 중에서도 '앵두 같은 입술'을 최고로 쳤다고 하네요. 또한 앵두꽃으로 표현되는 효심의 주인공은 문종입니다. 세자였던 문종은 경복궁 후원에 앵두나무를 심고, 정성껏 길러 얻은 잘 익은 앵두를 아버지인 세종께 올렸다고 합니다. 세종은 이를 맛보고 진상으로 올라온 것이 어찌 세자가 직접 심은 것과 같을 수 있겠는가'라고 하며 즐겁게 드셨다고 하네요. 실제로 조선의 왕궁에 가보면 곳곳에 앵두나무가 자라고 있는 것을 알 수 있습니다. 혹시라도 왕궁 나들이 할 일이 있다면 꼭 살펴보시기 바랍니다. 문종이 세종에게 앵두를 따드렸듯이, 제가 빚은 흑미설기 앵두꽃떡은 어머니께 드리는 효심이기도 합니다.

재료   흑미멥쌀 1kg, 소금 11g, 설탕 110g, 물 3/4컵

만드는 법

1. 흑미는 물에 하루 정도 충분히 불린 다음 물을 뺀 후 소금을 넣고 빻는다.
2. 물을 주어 한 번 더 방아에 빻는다.
3. 2의 가루에 설탕을 섞어준다.
4. 찜기에 젖은 베 보자기를 깔고 3의 재료를 얹어준 후 평평하게 한다.
5. 김이 오른 찜통에 25분 찐 후에 5분 뜸 들인다.

◐   흑미는 깨끗하게 씻은 후 물을 자박하게 부어서 거기에서 우러 나온 물을 사용한다.
흑미나 현미처럼 껍질이 두꺼운 재료는 방아에 한 두 번 정도 더 빻아 주어야 부드럽다.

산삼 부럽지 않은
더덕설기 + 카네이션 축하떡

산삼 부럽지 않은 더덕 설기 위에 감사하는 마음을 담은 카네이션으로 장식을 올렸습니다. 더덕 떡은 하얀 멥쌀가루와 섞이면서도 더덕 본래의 맛을 유지하며 수증기에 익으면 그 향이 더하여져 떡한 쪽을 머금는 순간 입안에 퍼지는 향미가 온몸의 세포들을 깨워주는 떡입니다. 더덕은 믹서에 가는 순간부터 진동하는 향기에 마음을 빼앗기지요. 더덕은 도라지보다 향기롭고 조직이 연해 훨씬 귀하고 품격 있는 식재료로 대접받습니다. 이렇게 음식 재료로 널리 활용되고 조리법에 따라 다양한 맛이 연출되는 매력적인 더덕은 섬유질이 풍부하고 씹히는 맛이 좋아 산에서 나는 고기라고 불릴 정도입니다. 산더덕은 예로부터 산삼에 버금가는 약효가 있다고 하여 '사삼'이라고도 불리기도 하였습니다. 더덕설기 위의 카네이션은 우리 모두 잘 알고 있듯이 감사의 꽃입니다. 어버이날에 부모님께 카네이션을 달아드리는 문화는 1910년대 미국에서 어머니를 추모하기 위해 흰 카네이션을 달았던 여성으로부터 시작되었다고 합니다. 미국 제 28대 토머스대통령이 5월 둘째 주일을 어머니의 날로 제정하면서 어머니가 생존한 사람은 붉은색 카네이션을, 돌아가신 사람은 흰색 카네이션을 달게 되었구요. 카네이션의 꽃말이 감사와 모정이니, 카네이션 축하떡으로 부모님께 감사의 마음이 표현해 보면 좋을 것 같습니다.

재료	멥쌀가루 1kg, 소금 11g, 물 3/4컵+더덕 150g 갈은 것, 설탕 110g

만드는 법	
	1. 멥쌀을 깨끗이 씻어 6시간 불려서 물기를 빼고 소금 넣어 빻는다.
	2. 1의 가루에 더덕 물을 넣어 손으로 잘 비벼서 섞어준 다음 체에 내린다.
	3. 2의 가루에 설탕을 넣어 고루 섞는다.
	4. 찜기에 베 보자기 깔고 3의 가루를 넣어 평평하게 만든다.
	5. 김이 오른 찜기에 25분 정도 찐 후 5분 정도 뜸 들인다.

◐　　　　더덕은 말려서 가루 내어 사용해도 된다.

순수한 천 년의 사랑
당근설기 + 카라 축하떡

카라의 꽃말은 천년의 사랑이라고 합니다. 결혼을 하는 신랑신부에게 천년의 사랑을 기원하는 카라 꽃떡을 선물한다면 각별한 의미가 있는 축하선물이 아닐까요. 특유의 향과 주홍빛 빛깔이 고운 당근을 주재료로 써서 설기를 만들고 카라 꽃을 장식으로 얹어내었습니다. 당근에 풍부하게 함유된 베타카로틴은 항산화 효과를 내고 노화 방지와 암 예방에 도움을 줍니다. 루테인과 리코펜 성분은 눈 건강에 효능이 있으며 면역력을 향상 시켜주고, 고혈압과 동맥경화 개선에 좋습니다. 궁중 의궤에 기록이 없는 것으로 보아 조선 시대에는 아직 당근이 사용되지 않았으나 마지막 상궁인 한희순 상궁부터 당근을 쓴 것으로 알려져 있습니다. 임금과 왕비의 입맛이 떨어질 때마다 입맛을 다시 돋우게 하는 신비한 재주를 가졌다고 하는 한 상궁이 새로운 재료인 당근도 시도해본 듯합니다.

재료   멥쌀가루 1kg, 소금 11g, 당근즙 3/4컵, 설탕 110g, 당근 150g

만드는 법

1. 멥쌀을 깨끗이 씻어서 6시간 정도 불린 후 체에 건져 물기를 빼고 소금을 넣어 빻는다.
2. 당근은 즙을 내어 놓는다.
3. 1의 멥쌀가루에 2의 당근즙을 넣어서 손으로 비벼서 잘 섞은 후 체에 내려준다.
4. 당근을 잘게 썰어서 팬에 식용유를 넣어 익혀준다.
5. 볶은 당근은 티슈로 기름기를 닦아준다.
6. 3의 멥쌀가루에 5의 볶은 당근을 넣어 섞어준다.
7. 찜기에 젖은 베 보자기를 깔고 6을 넣어 평평하게 한다.
8. 김 오른 찜통에 25분 정도 찐 후 5분 뜸 들인다.

◑   케이크 틀 안쪽에 식용유를 바르고 가루를 안치면 떡을 쪄 냈을 때 면이 깨끗하다.

강렬한 그리움
밤설기 + 동백 축하떡

피기 전에도 아름답고, 피어서도 아름답고, 지고도 아름답다는 동백꽃. 가슴 속에 한 번 피고 나무에 한 번 피고 땅에 한 번 피어서, 모두 세 번을 핀다는 동백의 꽃말은 '그대를 누구보다 사랑합니다'라고 합니다. 밤설기는 맛과 향기가 뛰어나 고려율고라고도 불렸습니다. 밤은 성질이 따뜻하여 기운을 북돋우고 정기를 보태며, 배고픔을 견디게 해 줍니다. 그래서 옛날에는 산모의 젖이 잘 돌지 않을 때 젖 대신 밤설기를 가루 내어 먹었다고 할 정도로 영양가가 높은 떡입니다. 동백꽃을 떡으로 빚고 있으면 제주도 동백 숲의 붉은 동백꽃들이 떠오릅니다. 우리들이 아름다운 동백을 마음껏 볼 수 있도록 카멜리아힐을 만든 설립자분께 감사의 마음을 담아 드리고 싶은 떡이기도 합니다.

재료   멥쌀가루 1kg, 소금 11g, 꿀 1/2컵, 물 1/2컵, 밤 가루 1컵

만드는 법

1. 멥쌀은 깨끗이 씻어 6시간 정도 불린 후 체에 건져서 물기를 뺀 후 소금 넣어 빻는다.
2. 1의 가루에 물을 넣어 손으로 비벼 잘 섞어준 다음 꿀을 넣어서 고루고루 섞어준다.
3. 체에 내려준다
4. 3에 밤 가루를 섞는다.
5. 찜기에 젖은 베 보자기 깔고 5를 넣어 위를 평평하게 해서 25분 정도 찐 후에 5분 뜸 들인다.

◐ 밤은 시간이 지나면 갈변하므로 갈변 방지를 위해 물에 조금 담갔다가 얇게 썰어 말린 후 분쇄기에 갈아준다.

눈부신 그대를 위한 날
생강설기 + 모란 축하떡

새하얀 생강 설기 위에 품위와 위엄을 갖춘 모란꽃으로 멋을 내었습니다. 생강은 혈액 순환을 도와 몸을 따뜻하게 해 주고, 소화를 촉진시켜주는 좋은 음식이지만 특유의 매운 맛 때문에 쉽게 먹기가 어려워서 단 맛을 더하여 편강이나 생강 청으로 만들어 먹지요. 추운 날씨에 생강차와 함께 먹으면 딱 좋은 생강 설기를 만들어 입안 가득 생강 향을 느껴봅니다. 설기 위에는 꽃 중의 꽃이라고도 하고 부귀화富貴花라고도 부르는 모란꽃을 얹었습니다. 모란꽃은 장미 못지않은 호화로움을 자랑하면서도 기품은 단연 더 돋보이지요. 소담스러운 겹꽃잎이 풍성한 아름다움과 함께 여유와 품위를 함께 갖추고 있습니다. 요즘 회갑은 '남은 인생'이 아니라 '새로운 인생'의 출발이라고 합니다. 회갑을 맞으신 부모님께 드리는 축하떡으로는 여유 있고 품위 있게 새로운 인생을 누리시라는 마음을 담은 모란꽃떡을 권합니다.

재료   멥쌀 1kg, 소금 11g, 설탕 110g, 생강가루 2T, 생강 물 1/4컵

만드는 법
1. 멥쌀을 깨끗이 씻어서 6시간 정도 불린 후 체에 밭쳐서 물기를 제거하고 소금을 넣어 빻는다.
2. 1의 가루에 생강가루와 생강 물을 넣어 손으로 비벼서 체에 내린다.
3. 2에 설탕을 넣어서 잘 섞어준다.
4. 찜기에 젖은 보자기를 깔고 3의 재료를 넣어 평평하게 한다.
5. 김 오른 찜통에 25분 찌고 5분간 뜸 들인다.

● **생강 물 만들기**
생강 50g을 저며서 물을 넣어 30분 정도 끓인 다음 체에 걸러서 생강 물을 만든다.

◑   생강을 많이 넣으면 쓴맛과 매운맛이 강하므로 적당량만 넣는다.

동양의 신비로운 맛
연화차 축하떡

연화차를 우린 물로 떡반죽을 하여 연화차 향이 배어 나는 축하떡을 만들었습니다. 처음 연화차를 마셨을 때 어떻게 이런 맛이 존재할까 하고 깜짝 놀랐었지요. 강하지 않으면서도 깊이 빠져들게 하는 향 무슨 맛일까 생각하며 자꾸 마시게 되는 동양의 신비로운 맛, 저절로 마음이 가는 맛이랍니다. 연꽃은 진흙 속에서 자라면서도 청결하고 고귀한 자태로 아름다움과 친근감을 주는 꽃이지요. 사대부 양반들이 집을 지을 때 정원에 반드시 못을 파서 군자를 상징하는 연꽃을 심었습니다. 연꽃이 피는 못이라 하여 연못이라 부른답니다.

재료 멥쌀가루 1kg, 소금 11g, 연화차 3/4컵, 설탕 90g, 잣 50g

만드는 법

1. 멥쌀을 깨끗이 씻어서 5시간 정도 불린 후 체에 건져 물기를 빼고 소금을 넣어 빻는다.
2. 1의 멥쌀을 체에 내린다.
3. 연화차를 우려서 2의 멥쌀가루에 넣어 손으로 비벼서 잘 섞은 후 체에 내린다.
4. 잣은 고깔을 떼고 3의 가루에 설탕과 함께 섞어준다.
5. 찜기에 젖은 베 보자기를 깔고 떡을 얹어서 김이 오른 찜통에 25분 정도 쪄준 후 5분 뜸 들인다.

맺는말

어린 시절부터 나의 즐거운 기억은 늘 떡과 함께였다.

어린 시절 어머니의 손을 잡고 외갓집에 가면, 외할머니께서는 쑥을 넣은 인절미를 화롯불에 얹어 구워주셨다. 겉은 바삭하고 속은 쭉쭉 늘어나는 쫄깃한 인절미를 조청에 찍어 먹던 그 맛이 아직도 생생하게 느껴진다. 외할머니의 솜씨를 물려받은 어머니는 겨울에서 봄으로 넘어갈 때면 부지런히 보리순을 캐다가 멥쌀에 버무려 떡을 만들어주시곤 했다. 이 또한 봄이 오면 늘 생각나는 기억 속의 음식이다. 내가 떡과 함께 살아가고 있는 것은 어쩌면 이런 소중한 기억을 함께하고 싶어서였는지도 모른다.

사람이 살다 보면 살아온 날들을 뒤돌아보는 계기가 한 번씩 생긴다. 나에게는 이 책이 그렇다. 떡 이야기와 레시피들을 정리하면서 돌이켜보니, 나의 삶에도 맵고, 짜고, 달고, 신, 음식의 모든 맛이 배어 있었다. 어렵고 힘들었던 일들도 많았지만 그보다 더 많은 행복의 순간들이 나를 지탱해주었구나 싶다. 특히 떡은 늘 좋은 인연들의 중심에 있었고, 나의 삶의 내공을 쌓는 데도 한몫했다. 떡을 빚는 하얀 쌀가루를 만지면서 드실 분들의 정신적 안정과 몸의 건강, 좋은 일만 있기를 기원하는 마음을 담다 보니 그것이 일상의 행복을 찾는 습관으로 나의 몸에 젖어 있음을 느낀다.

책 한 권을 만드는데 얼마나 많은 사람의 손길과 수고가 필요한지도 새삼 느낀 작업이었다. 주말마다 서울에서 대전까지 짐을 한가득 싣고 오셔서 코디해주신 손선영 님, 사진 찍느라 애써주신 김태훈 님, 편집자 정인경 님 그리고 뒤에서 묵묵히 도와주신 김정자 님. 기꺼이 애써주신 분들이 있었기에 가능한 일이었다. 그리고 헌신적인 희생을 하면서 떡 일을 도와주는 내 아들에게 고마운 마음을 전한다. 이 책이 만들어지는 동안 모든 순간 행복과 감사가 넘쳤고 절대 잊지 못할 것 같다. 이제 세상에 나온 이 책이 또 새로운 인연을 만들어 주리라는 기대에 설렌다.

예술이 된
떡 이야기

김 병종 (화가, 서울대학교 명예 교수)

나는 10여 년 가까이 선명숙 명인의 손끝에서 빚어져 나온 떡과 반찬을 구입하여 먹어왔다. 나
뿐 아니라 정초에는 주변 지인들과도 함께 나누어 왔다. 선 명인이 빚은 떡들은 가히 예술품이라
해도 과언이 아니다. 따라서 떡을 먹되 눈으로 감상하는 예술품을 먹는 셈이다.

나는 오랜 세월 일본에 드나들면서 다양한 음식들과 전통주를 접할 때마다 속으로 놀라곤 했다.
이 광속으로 눈부신 속도의 시대에 일본의 장인들이 빚어낸 음식이며 술들에서는 시간의 연속
성과 함께 독특한 아름다움이 있었기 때문이다. 그런데 언제부터인가 우리 한국에도 그러한 일
본의 전통명인들 못지않은 아니 오히려 더 능가하는 놀라운 안목과 솜씨의 명인, 장인들이 곳곳
에 숨어 있다는 것을 알게 되었다. 그런 점에서 선명숙 명인과의 만남은 하나의 발견이었고 사건
인 셈이었다.

그분은 유난히 모든 것이 서울 중심인 흐름 속에서 한 발 비켜 지역에 거하면서 자기 세계로 일
가를 이루어온 분이었다. 우리 속담에, 호주머니 속의 송곳은 언젠가 찌르고 밖으로 나오게 되어
있다고 했듯이 조용한 성품의 선 명인은 번다한 서울이 아닌 지역의 자기 삶 터전 위에서 생활한
분이었지만 그 우아한 솜씨와 격조 있는 맛과 멋의 세계는 차츰 사람들에게 알려지기 시작했고
나 같은 사람에게까지도 그 인연의 줄이 이어지게 되었던 것이다.

사람이 즉 예술이라는 말이 있다. 선 명인이 그토록 우아하고 아름다우며 격조 있는 떡들을 만들어내게 된 것은 그분 자체가 기품이 있고 우아하며 삶과 예술에 대한 안목이 높기 때문이라고 나는 생각한다. 마치 조선조 반가 여인처럼 선 명인의 언행과 자태에는 참으로 그윽한 격조와 아름다움이 있다. 그리고 그분이 빚어낸 떡을 비롯한 몇몇 전통 음식들에서는 바로 그러한 인품의 향기가 발효되어 우러나고 있는 것이다.

또한 선 명인의 떡이 예술의 경지에 와 있다고 보는 것은 부단히 전통을 재해석하고 창조적으로 펼쳐나가는 그 안목과 센스 때문이 아닌가 생각한다. 선 명인은 음악, 미술, 문학, 건축 등 예술 전반에 관한 취향이 매우 높을 뿐 아니라 인문학적 소양도 다양하게 갖춘 분이다. 선 명인의 떡 예술은 바로 그러한 소양들이 반죽되어 꽃피어진 것이라고 본다. 예컨대 떡만 잘 빚는 장인이 아니라는 뜻이다. 떡을 빚는 시간 외에는 끝없이 독서를 하고 고전과 현대음악을 즐기며 미술관을 드나드는, 드물게 보는 르네상스적 소양의 사람인 것이다. 바로 이점이 선 명인이 빚어내는 기품 떡의 아우라가 되는 것이라고 생각한다.

선 명인의 떡에는 햇빛과 바람 그리고 분분히 날리는 송홧가루가 묻어나 있다. 삶의 여유와 가락, 그리고 우리 땅의 향기와 아름다움이 배어 있다.

예술이 된 선 명인의 떡을 만나는 일은 그래서 내게 잔잔한 기쁨이다. 잊어버렸던 우리전통의 아름다움을 화사하게 다시 느껴보는 시간이다.

앞으로도 선 명인의 작품세계가 더 다양하고 아름답게 펼쳐질 것을 믿어 의심치 않는다.

| 참고도서 |

밥 힘으로 살아온 우리 민족, 김아리, 아이세움, 2002년
떡에 얽힌 문양의 신비, 김길소, 강원일보사, 2009년
자연을 마시는 우리차, 이연자, 열린박물관, 2008년
떡 흰쌀로 소망을 빚다, 한국의 맛 연구회, 다홍치마, 2011년

손으로 빚는 마음, 떡

초판 1쇄 발행 | 2020년 4월 17일
초판 2쇄 발행 | 2020년 12월 21일

지은이 | 선명숙
발행인 | 윤호권 · 박헌용
책임편집 | 정인경

촬영 | 김태훈
스타일링 | 손선영
어시스트 | 김정자
글 · 정리 | 황윤옥 · 안재혜

발행처 | (주)시공사
출판등록 | 1989년 5월 10일(제3-248호)
주소 | 서울특별시 성동구 상원1길 22, 7층
전화 | 편집 (02)3487-2814 · 영업 (02)2046-2800
팩스 | 편집 (02)585-1755 · 영업 (02)588-0835
홈페이지 | www.sigongsa.com

ISBN 978-89-527-9129-0   13590

미호는 아름답고 기분 좋은 책을 만드는
(주)시공사의 라이프스타일 브랜드입니다.